阅读心理治疗 4

挖掘你的快乐之泉

第二版

邱鸿钟 编著

Dig out Your Joyous Springhead

暨南大学出版社
JINAN UNIVERSITY PRESS
中国·广州

图书在版编目（CIP）数据

挖掘你的快乐之泉/邱鸿钟编著．—2版．—广州：暨南大学出版社，2014.8
（阅读心理治疗）
ISBN 978-7-5668-1080-9

Ⅰ.①挖… Ⅱ.①邱… Ⅲ.①人生哲学—通俗读物 Ⅳ.①B821-49

中国版本图书馆CIP数据核字（2014）第145519号

出版发行：暨南大学出版社

地　址：中国广州暨南大学
电　话：总编室（8620）85221601
　　　　营销部（8620）85225284　85228291　85228292（邮购）
传　真：（8620）85221583（办公室）　85223774（营销部）
邮　编：510630
网　址：http：//www.jnupress.com　http：//press.jnu.edu.cn

排　版：广州市天河星辰文化发展部照排中心
印　刷：深圳市新联美术印刷有限公司

开　本：890mm×1240mm　1/32
印　张：4.625
字　数：120千
版　次：2006年3月第1版　2014年8月第2版
印　次：2014年8月第2次
印　数：6001—9000册

定　价：20.00元

总 序

阅读治疗（bibliotherapy）源于古代，流行于现代。什么叫做阅读治疗？就是指通过阅读文学作品，达到修身养性、建立新的认知、调节情绪、重塑行为模式等目的的一种心理治疗方法。阅读疗法的最大特点是：治疗目的藏而不露，治疗过程潜移默化，治疗方法温文尔雅。

阅读治疗，无论是在东方还是西方，都有悠久的发展历史，关于阅读治疗的原理、方法和各家学说广泛见于哲学、文学、艺术和心理学等各种著作之中。为什么文学作品具有改变认知、调节情绪、塑造行为、医治心理障碍的作用呢？这与人是一个符号的动物的本性有关。所谓“心生而言立，言立而文明”，人是唯一通过语言拥有世界的动物；也是一种可以用符号引发情感，用符号开放内心世界，通过语言社会化，对符号崇拜敬畏，用符号互动交流，可以通过符号医治心灵之伤的动物。在人类学家看来，语言等人类文化是人类弥补生物器官不足，适应环境的一种“体外器官”。神话、童话、寓言、诗歌、散文、小说等文学形式在人类历史上各有自己的起源和表达精神世界的不同功能。古人曰：“书者，舒也。”“诗言志，歌永言。”“诗者，持也，持人性情。”“言以散郁陶。”可见，文学作品是一种引发欣赏者的认知与情感共鸣的触发剂或媒介。明代哲人王守仁对此就很有体验，他说：“凡歌诗，须要整容定气，清朗其声音，均审其节调，毋躁而急，毋荡而嚣，毋馁而慑。久则精神宣畅，心气和平矣。”（《王文成公全书》）可见，作者倾注于作品中的认知和情感，在阅读者或欣赏者的理解、移情和阐释中又被重建出来。

文学即人学和心学：它们透视人生和社会，描写人对自然美的感知和体验，抒发、宣泄和寄托人内心的情志，替代现实生活中未能实现的愿望的满足。清代文人李渔总结了自己的人生经验，说：“文字之最豪宕，最风雅，作之最健人脾胃者，莫过填词一种……予生忧患之中，处落魄之境，自幼至长，自长至老，总无一刻舒眉。惟于制曲填词之顷，非但郁借以舒，愠为之解，且尝僭作两间最乐之人，觉富贵荣华，其受用不过如此。未有真境之为所欲为，能出幻境纵横之上者。”（《闲情偶寄》）可见，创作与阅读文学作品是人类满足自己任何愿望和实现任何梦想的一种伟大的发明。

文学作品还具有认知同化和启迪顿悟的作用，以及改造人格的力量。如清代梁启超认为小说具有四种心理作用：其一是熏陶，即人在读小说时，“在不知不觉之间，眼识为之迷漾，而脑筋为之摇扬，而神经为之营注；今日变一二焉，明日变一二焉；刹那刹那，相断相续；久之而此小说制境界，遂入其灵台而据之，成为一特别之原质之种子”（《小说与群治之关系》）；其二是“浸”，即人在读完小说后，往往数日或数旬还不能释怀，或有余恋余悲，或有余快余怒等，这是文学作品的情绪调动作用；其三是激发顿悟，即小说情节或故事像禅宗一样，皆借刺激之力，在刹那间激发人骤觉；其四是超脱提升，读小说者常不自觉地将自己融入情节之中，与书中的主人翁同乐同悲，好似此身已非我有，而入彼界，好似佛法修行一般。

阅读治疗效应的关键在于文本所富含的哲理和人生启迪的意义。优秀的文学作品好比一个好的心理医生，阅读和聆听一篇好的文学作品就好比享受一次清心醒脑的心理咨询。神经心理学的知识告诉我们，阅读过程可以通过精神—神经—内分泌通路引发阅读者的血管收缩和舒张，某些神经递质释放的增加等生理反应，引导阅读者认识自我，鼓舞意志，移情共感，增进对自然和生活的审美情感，帮助释放不良情绪，转移对自身痛苦的注意，从而达到平衡心理、减轻精神痛苦的目的。

根据文学作品的主题和心理治疗的目的，本丛书共分五册，各册主题和内容分别是：

《大自然是一间疗养院》分册首先介绍了阅读疗法的发展源流、基本原理和应用方法，讨论了不同文学体裁的心理效应。因为人是一个复杂的符号动物，所以，阅读疗法是一种最符合人性本质的心理治疗方法。本册阅读材料以自然山水为主题。孔子说："仁者乐山，智者乐水。"对日月、山川大海、风霜雪雨、树木花草、虫鱼鸟兽等自然景物的喜好倾向不仅可以反映人的性格和情感的特点，而且春夏秋冬四季物候更替变化本身就是人类生理和心理自然节奏的本源，大自然的景象和变化有助于身陷自我羁绊的人触类旁通，茅塞顿开。当一个人在面对宇宙自然的时候，最容易触景生情，百感交集。这也许是人生中最真挚的时刻，因为可能此时他才知道人来源于自然，也必将终结于自然，人在自然面前是多么渺小，真的没有哪些可以让人得意忘形的所谓成功和发展的极限。正如《黄帝内经》中云："天之道也，如迎浮云，若视深渊，视深渊尚可测，迎浮云莫知其极。"许多现代人活得浮躁，一味奔劳而不知欣赏，实在辜负造物主馈赠给人类的良药。我相信，欣赏自然、热爱自然、顺应自然是人类进化中形成的健康心理。

《人生是一首未完成的诗》分册的阅读材料是关于如何面对挫折、逆境和病患，正确认识现实和自我等人生问题的。人虽然是一种动物，却是一种很特别的动物，即一种会不断向自己和别人发问，不断追寻自身存在的意义与目的的动物。尤其在遭受病患或挫折，处于逆境或低谷时，这些发问似乎更加挥之不去。乐观的和洞察人生真谛的作家告诉我们，人生不是一个目的，而是一个有限的过程，即使你能活一百岁，总的人生也不过是36 000天或1 740 000小时，过完一天就少了一天，就离死亡的日子靠近一点。事实上，无论你的学问多高，官职多大，财产有多丰厚，最后都是带不走的；不管你吃什么，住在哪里，都只是让这有限的生命有一个地方安歇或寄存而已。虽然这个道理并不深奥，可正是一些无止境的欲望和攀比，让许多人自卑、自大，或者是焦虑不安、恐惧或抑郁。如果我们能知足常乐，记住尘世就是唯一的天堂，幸福就是活得有意义的话；如果我们能接受自己的缺陷和不完美，能将自卑作为一种动力，将生活当作体验各种味道的菜肴的话；如果我们能将人生当作一首不断创造和书写历史与意义的诗歌的话，那么，我相信，我们的人生天地就会焕然一新。

《习惯铸造人格》分册的阅读材料是关于如何从日常生活习惯和小事入手来培养人格的。行为主义认为，内在的心理的东西既不好捉摸，也不是实际被展现出来的。因此，行为主义主张放弃心理学的思辨，将心理学解释为行为的科学。行为主义只承认人在结构上的遗传，而否认功能上的遗传；所有复杂的行为都是来自后天的学习和训练。所谓人格，就是一个人生活习惯和反应方式的总和，生活习惯的养成就是人格塑造的过程。参加劳动、与别人聊天、阅读书籍、休闲、养宠物、做家务、散步等习惯和爱好无一不对人的性格带来潜移默化的影响。现代人为什么很忙碌，也许是因为怕闲！因为闲下来无所事事，没有精神寄托，感到没有社会价值，这是一种比丢失财产更伤心的精神丧失，是一种精神的死亡。事实上，如《中庸》中所说："君子之道，费而隐。""道不远人，人之为道而远人，不可以为道。"如果所有孩子的家长明了对子女的教育，培养良好的性格，预防和矫治不良的行为，甚至是心理疾病的矫治、传授做人的方法都不能远离普通的日常生活这个道理，就不会对孩子娇生惯养，就不必等待迟来的心理医生的咨询与治疗。其实，心理医生那里并没有什么灵丹妙药、神仙秘方。所谓“授人以鱼不如授人以渔”，如果我所有的来访者和神经症患者明白了这个带病生存、为所当为的生活疗法的道理，那就彻底开悟，自愈有望了。

《挖掘你的快乐之泉》分册的阅读材料是关于如何理解快乐，如何寻找快乐之法的。虽然追求快乐是潜意识心理活动中铁的规律，但许多有心理问题和患有抑郁症等心理疾病的人都快乐不起来。他们为何快乐不起来？快乐的铁律为何失灵？帮助我们的来访者快乐起来，这也许是所有心理咨询与心理治疗的最终目的。面对人生中不快乐的事，宗教叫人宽恕自己与别人，药物将自己变成病人，而只有心理医生叫你自己审视自己。事实上，是自己不让自己快乐！静心想一想，如果你想要快乐，就没有不能立刻快乐起来的，只是你要找对方向！如果你认为是别人或者是某些刺激事件让你不快乐，那你就是将快乐建立在别人身上或外归因了。六祖慧能对那些修行多年仍然痴迷不悟的信徒说“佛心不二”，真是一语道破天机。佛在自心，不在西方圣地，人只有到自己心里去找快乐，才能找到真乐！那些凡事只往坏处想的人，那些低估正性信息、选择负性关注、以偏概全、不公平地比较、主观推断的人，如果不能意识到正是这些非理性的思维习惯让自己快乐不起来，那他是无药可医的。快乐无定法。快乐是没有条件的，快乐的感觉永远是自己的。快乐的人并不是特别走运，而是他更善于在平凡的生活中发现快乐。尘世乃唯一的快乐天堂。卖菜乐，回忆乐，无知也有不知的轻松，快乐是每一个人天赋的权利，问题在于我们是否能发掘自己的快乐之泉。

《音乐的精神分析》分册的阅读材料是关于音乐演奏和欣赏体验的。音乐是人类发明的另一种用时间展现和用想象思维的语言，有助于表达人不能言语又不能缄默的复杂情感，是治疗情志疾病的最古老的方式。音乐具有动荡血脉、通畅精神、道德感化、促进人际交往和团队精神的社会化等多方面的作用。本册首先介绍了音乐心理治疗思想的源流、音乐治疗的原理、中医音乐治疗等各家学说；其次介绍了一些音乐治疗的故事和接受音乐治疗所获得的身心感悟。《论语·述而》记载，当时的孔子在齐国听到美妙的音乐《韶》之时，竟然“三月不知肉味”，可见音乐的魅力。聆听莫扎特的音乐，流畅抒情，诚挚明朗，充满青春活力；聆听贝多芬的音乐，热情磅礴，充满想象，具有英雄气概；再聆听舒伯特、门德尔松、舒曼、李斯特的音乐，清澈如镜，诗情画意……音乐为人类相思的苦恋建造了一座迷人的伊甸园，为失落的灵魂找到了一座神庙，为孤寂的单身找到了一处呐喊的窗口；音乐可以升华压抑喷发的爱欲，赋予人精神力量，宣泄痛楚的情绪，表达无言的情结，聚积团队的精神。

各分册虽相对独立，但我还是建议读者从第一分册读起，先了解阅读疗法的一般知识和方法，再根据自己的实际需要，选择合适的主题深入阅读。如果读者能边读边写心得体会和落实于行动的日记，那将留下一串心理发展的珍贵足迹。

俗话说得好：开卷有益，读万卷书，行万里路。人是世界上独一无二的具有阅读能力的生灵。我期待广大读者能将自己的读书体会和行动经验与我分享。笔者永远不变的电子邮箱是：hzqiu@163.com。

邱鸿钟

第二版前言

本丛书于2006年出版第一版，一晃就过去整整八个年头了。在这些年间，世界风云变幻，社会变革大潮跌宕起伏，时移俗易，正如唐代诗人韦庄诗曰："但见时光流似箭，岂知天道曲如弓。"虽说世间如此动荡不安，但我很高兴地看到，我们这些凡夫俗子对待文学阅读的热情并没有因此减弱，第一版印刷的丛书早已销售一空，许多在旧书市场也无法淘到宝的读者早就渴望再出第二版。一位不知名的读者在给我的邮件中写道："您的书写得真好！读了《人生是一首未完成的诗》、《习惯铸造人格》之后，我受到很大的触动。我觉得真的很有必要对周围的人或事进行更多的关注，更好地体会生活的情趣和生命的生机。"还有一位读书爱好者在邮件中不无幽默地这样写道："呵呵，我不是一个有心理问题的人，只是偶然的机会在图书馆看到了您的书，它融合了很多哲学的思想和散文的浪漫，阐发了生命的意义与存在的情怀——它是一部好书！"我相信，书的价值体现在市场，书的评价靠读者，阅读疗法的实际疗效由读者说了算！

当然，并不是所有的文学作品都具有心理治疗的作用，只有那些引导人看到光明、洞察人生真谛的优秀作品才具有这个荣耀的资格。这也是我们需要选编本丛书的理由。在这里，我与我的来访者、患者要特别感谢那些为我们写作出优秀作品的作者，尽管我们从未谋面，但你们在作品中表达的某种精神已经成为卫生服务市场上交口称赞的良药，这不仅是你们的荣誉，也是我们这个时代患者的幸运。正像民国时代我国有了鲁迅这样的民族大医一样，现代人非常需要有良心善意、脊骨强健、思想纯正、技艺精湛，能医治灵魂顽疾的文学大医！需要扶正祛邪、药到病除、助人自助，令人茅塞顿开的苦口良药！

在历史上，用阅读文学作品或聆听故事等类似的方法医治心理疾病的典型案例不胜枚举，但闻名世界的莫过于《一千零一夜》的故事了。那位聪明的桑鲁佐德姑娘用讲述接龙故事的方法最终治愈了苏丹国王的心理变态。然而，在现代中国，真正将优秀的文学作品变成可以实用的临床心理治疗处方的做法并不多见。我们要特别感谢暨南大学出版社以极大的热诚推行的这套《阅读心理治疗》丛书，这使那些从我的心理诊室离开的来访者终于可以带一些“没有副作用的药”回家了。

知识就是力量，但我们只有通过阅读才能获得知识！

邱鸿钟

农历甲午年二月春分

于羊城白云山鹿鸣湖畔

目　录

快乐从哪里来

导读

快乐是每一个人都曾有过的体验，而且是一个非常感性的、具体的问题。一个人快乐与否，一问便知。可是，快乐从哪里来呢？或者换句话说，快乐与否是由什么东西决定的呢？这个形而上的问题并不是每一个人都可以随口回答出来的。

人与动物相比较而言，动物的快乐也许是由食欲和性欲的满足所带来的；而人的快乐不仅取决于生理的满足，还有成就、爱、归属、尊重、权力等心理和社会欲望的满足。然而，问题在于，现实中不仅每个人的需求是有差别的，而且满足需求的可能性和程度也是千差万别的。因此，与其说快乐来源于欲望的满足，还不如说快乐取决于一个人选择什么东西作为满足的价值观更为合适。打一个通俗的比方，一个饥饿的穷人得到一餐饱饭的快乐与一个书生发表一篇论文的快乐几乎是同等的，但决定他们各自快乐的理由是截然不同的。简而言之，快乐根源于我们每个人心中定义快乐的意向和标准。有什么样的快乐观就有什么样的快乐，即使环境、条件不变，你的感觉亦可能随着观念的变迁而发生格式塔式的转变。在临床咨询中，我见到一些抑郁的中年人，年轻时追求财富和女人就会感到非常快乐，可是当真的实现了这些目标时，他们反而感到了悲哀失望。可见，快乐不见得就是满足了个体的需求。事实上，看待或评价快乐的标准发生了变化，快乐与否也会随之变化。这些人虽然现在有了票子、房子和车子，但同时自己也已经疾病缠身，妻离子散，亲情和真情已经荡然无存了。这时他才意识到，这些曾经拼命追求的财富究竟带来了什么样的快乐呢？孟子曾对齐王说：“独乐乐，与人乐乐，孰乐？不若与人乐。”如果说与人同乐才是真乐，那么，现在虽然有钱，或者升了官，却剩下一颗孤独的心灵又如何快乐得起来呢？

在心理疾病中，神经症表现为患者感到自己是最不快乐的人。他们中的一些人或为过去的陈年旧事悔恨、懊恼、内疚，一直陷于抑郁的情绪之中；或者为尚未发生的事件而焦躁不安、恐惧担心；或者为每一个生活细节和想法穷思竭虑，空耗自己的精力，诸如此类。从病因上来看，神经症的病因不在外界的环境中，而源于自己内心世界的某些情结。不是别人不让他快乐，而是他自己让自己不快乐。也许有些不快乐的人说“我身患重病”、“我是残疾人”，或者说“我是孤儿”、“我父母不爱我”，或者说“我没有正式工作”、“我失恋了”等等。在临床咨询中我们可以听到一大堆不快乐的理由。事实上，如果我们稍微留意一下周围的世界，就不难发现，世界上同样还有许多身残志不残的能人，还有很多身患癌症却坚强地活着且热心公益的人，还有很多献身事业的快乐单身，他们顽强生活的感人事迹告诉我们一个道理：虽然人和动物都有快乐和不快乐，但只有人可以改变自己对快乐的看法和态度，并具有将不快乐转变为快乐的能力。孔子说：“饭疏食饮水，曲肱而枕之，乐亦在其中矣。”（《论语·述而》）正是这样的一种快乐观，才使得一个穷书生也自信快乐起来。借用慧能“佛心不二”这句话，我们也可以这样说：“乐在心中！”

阅读材料

同样的快乐与不同的快乐观

◎邱鸿钟

需要快乐是基本的人性，一切为了快乐是人生的基本追求目标。一切科学都离不开以“人性”的看法作为自己研究的基础，哲学、伦理学是如此，经济学和心理学也是如此。快乐是被广泛研究的最根本的人性之一。从某种意义上说，心理健康教育就是教人获得快乐的态度和方法，以及正确看待与处理没有快乐的时候。

人的快乐体验与其世界观、人生观和价值观有密切的关系，因为快乐其实是意义实现的一种副效应。因此，最早注意研究快乐的是哲学家们。在中国思想史上，人性本善或性本恶之争是众所周知的。主张人性本善的人自然把实现善的行为作为快乐的事情，而认为性本恶的人必定把恶的宣泄认定为快乐的一种方式。人如果感到存在没有意义就会感到痛苦，如果使痛苦获得某种意义（例如复活节），痛苦则变成了获得快乐的准备过程。

儒家的快乐源出对仁义和好学的追求。子曰：“知之者不如好之者，好之者不如乐之者。”“朝闻道，夕死可矣。”“知者乐，仁者寿。”“知者不惑，仁者不忧。”（《论语》）孔夫子自我评价说：“乐而忘忧，不知老之将至云尔。”可见，孔子没有道家那种“由死观生”的忧患意识。仁，也即两人的关系，所以儒家的快乐还源出于人际关系的和谐。子曰：“学而时习之，不亦说乎？有朋自远方来，不亦乐乎？”“德不孤，必有邻。”（《论语》）“乐取于人以为善。”（《孟子》）由于儒家重义轻利，所以孔子把“贫而乐”看成比“贫而无谄”、“富而无骄”要高一层次的精神境界。孔子还特意推举了颜回这个安贫乐道的弟子作为榜样。儒家对物质生活的要求是不高的，“饭疏食，饮水，曲肱而枕之，乐亦在其中矣”。

儒家的快乐来源于“君子坦荡荡”，以天下为公的胸襟。所谓“先天下之忧而忧，后天下之乐而乐”。有一则故事说，孟子拜见梁惠王，惠王正站在池塘边欣赏那些鸿雁麋鹿，他问孟子：贤德的人也爱享受这种快乐吗？孟子答：能做到贤德的人然后才能获得这些快乐，而不贤德者虽拥有这些亦不会快乐也。在孟子看来，君主如果不能使人民快乐，又怎么能独享快乐呢？孟子还向齐宣王提出了一个比较的命题：“独乐乐，与人乐乐，孰乐？”“与少乐乐，与众乐乐，孰乐？”最后得出了一个结论是：“王与百姓同乐，则王矣。”（《孟子》第二篇）可见儒家的快乐是奋发图强，实现理想抱负，“乐以天下”的“社会型”的快乐。

儒家的快乐是有准则的，如“乐而不淫”，如“不义而富且贵，于我如浮云”。孔子总结了有益的快乐和有害的快乐：“益者三乐，损者三乐——乐节礼乐，乐道人之善，乐多贤友，益矣。乐骄乐，乐逸游，乐宴乐，损矣。”

儒家文化为中国主流文化，儒家之快乐观为中国人快乐之楷模，至今也不失其修身养性和维护心理健康的积极意义。中国的青年大多奋发图强，继承了立功、立德、立言的传统功名观念，在许多人看来，成功就是悦乐的代名词。这种文化和心态无疑有益于推动文明的发展，因此历来受到推崇。但是，从临床心理学的角度来看，这种鼓动个体不断奋发图强的文化和心态却可能有助于塑造A型性格，反倒成了一些中国人患神经症的文化动因。

与儒家社会奋斗之乐，与人和之乐不同的是道家逍遥超脱、参透生死的“天乐”，而这种快乐来源于“万物一府，死生同状”的宇宙观和“向死而生，由死而观生”的人生观。道家把生看成是梦，比作为“倒悬”，把死看作大醒和回归自然。试想在这种世界观和人生观视野中的功名利禄、恩仇怨恨还有什么值得计较？还有什么东西可以使你不快乐？道家从无为而治、顺其自然中获得逍遥自在的快乐。

佛教亦是中国传统文化的一个重要组成部分，佛家的快乐在于：慈悲为怀。所谓爱怜为慈，恻怆为悲。慈能与乐，悲能拔苦。“大慈与一切众生乐，大悲拔一切众生苦。”佛陀认为，人生有六种根本性的烦恼，即贪、嗔、痴、疑、慢、恶见；有八苦，即生、老、病、死、爱别离、怨憎会、所求不得、五取蕴。烦恼的原因在于不明“诸行无常，诸法无我”。（即一切现象都是变动不居的，此生彼生，此灭彼灭，其间没有恒常的存在。一切有情感的生物并没有一个常住不变的独立的自我存在，一切刹那依缘而起。）可见，佛家的快乐观是建立在自己独特的认识基础上的。

中国化的佛教——禅宗的精神对于我们理解快乐也很有启迪。其一，他们认为，烦恼和快乐全源于自心。根据禅宗心生万法，万法唯心，一切万法原是自性所现的思想，各种烦恼源于执迷不悟，快乐全在于是否开悟见性。既然“本性是佛，离性无别佛”，是否也可以这样说：“自性是乐，离性别无乐。”快乐只能在自己心中寻觅。其二，烦恼和快乐并不远离。迷和觉只是一转身的功夫，顿悟就是觉，而觉就是佛。有禅言：“凡夫即佛，烦恼即菩提。前念迷即凡夫，后念悟即佛。前念即烦恼，后念离境即菩提。”烦恼和佛好比手心与手背，只要翻转过来便是两重天。既然立地可以成佛，所以，即使正处在烦恼中，快乐也并不遥遥无期。

禅宗在最平凡的事物上寻求最不平凡。禅言道：“饥时即食，困时即眠，便是禅，平常心即是道。”禅所理解的快乐就是平常，最平凡的生活就是最快乐的生活。禅将道家向死而觉醒的思想还原为日常生活和劳作中的明性开悟。

快乐问题也是经济学研究的问题。近代西方哲学家大卫·休谟（David Hume, 1711—1776）认为，消费的欲望和快活的欲望是人的自利本性，从而导致人对财富和享乐的追逐，“财富的本质就在于获得生活中的快乐和舒适的能力”。凡是有利的，即是令人愉快的，是善的；反之就是恶的。因此，人们都趋乐避苦。休谟认为市场经济行为提供新的消费门路，扩大了有兴趣的行动，并且两者增加了人的快乐意识。经济学家杰里米·边沁（Jeremy Bentham，1748—1832）认为快乐和痛苦是人的两个最高主宰，决定行为的动力。人无不以快乐作为生活的目的和道德标准。凡能求得快乐的就是善，反之就是恶。他把快乐分成感觉引起的快乐、财富引起的快乐和权力引起的快乐等十几种；把痛苦也分成感觉引起的痛苦、贫困引起的痛苦和仇恨引起的痛苦等十几种。他甚至认为，苦乐之间并没有质的区别，只有量的不同，甚至可以用他制定的快乐和痛苦等级表加以计算分析。幸福就是趋乐避苦，求得最大的快乐，快乐幸福的基础在于利益。继承边沁功利主义学说的詹姆士·穆勒、约翰·斯图亚特、穆勒和李嘉图等是一群快乐主义的经济学家。

快乐理所当然是心理学要研究的核心问题。精神分析学派的创始人弗洛伊德说：“心理器官的工作是否有主要目的？我们的答案以为其目的在于求乐。我们整个的心理活动似乎都是在下决心去求取快乐而避免痛苦，而且自动地受唯乐原则（the pleasure-principle）的调节。”他揣测：“心理器官内刺激量的减少、降低或消灭，便足以引起快乐；而刺激量的增高，便足以召至痛苦。”他从泛性的观点出发，认为“人类所可能的最强烈的快乐乃是性交的快乐”，而且性本能的发展自始至终以追求满足为目的。但由于避免痛苦和追求快乐的工作同等重要，于是经过训练的自我乃知道不得不舍弃直接的满足，延缓满足的享受，忍耐某些痛苦，甚至不得不放弃某种快乐的来源，不再受唯乐原则的控制转而顺从唯实原则（the reality-principle）。然而“这个原则归根结底也是在追求快乐——不过追求的是一种延缓的、缩小的快乐，因为和现实相适应，所以不易消失”。

按照当代西方心理学家马斯洛关于人的需要层次论，人的需要是分为许多等级的，生理需要满足之后，其他诸如社会和情感的各种需要才会产生，因此，快乐也应该是分为不同层次的。一些人因为有过高的，或太多的需求而苦恼，一些人因为与别人比较而心理不平衡。所谓“知足常乐”就是指快乐与需求的价值尺度有关，可见不现实的或永不满足的需求只会带来精神的痛苦。

人类已经研究了快乐的原因、影响快乐的因素、快乐的生理效应和引发快乐的方法。事实上，并不是快乐者特别幸运而没有痛苦，而在于他们具有较强的发现和保持快乐，以及将痛苦升华在某种意义中的能力。与此相反，不快乐的人并不是他们不幸运，生活中只有苦难，而在于他们自主获得快乐的能力已经丧失。从某种意义上说，前者就是阳光下的心理健康，后者则已经笼罩着心理障碍的阴霾。真正属于人的快乐是一种不断超越自身、指向某种意义的境界。

快乐可以改变时间

导读

“乐处酣歌，时光容易过。苦处奔波，早晚偏难度。”（《唐伯虎全集》）这也许是一条可以成立的心理相对论定律：不同的情绪伴随着不同的时间感受。思念中的人有“一日不见如隔三秋”之感，痛苦中的人有“长夜难明”之苦；而生活充实、工作繁忙和快乐的人则有“光阴似箭”之叹。《庄子·知北游》中说：“人生天地之间，若白驹之过隙，忽然而已。”孔夫子也站在河边感叹：“逝者如斯夫！不舍昼夜。”这种对人生历程的感悟所体验的时间不同于钟表计算的客观时间，这可以称之为主观时间。

快乐使时间变短，痛苦使时间拉长。时空是事物存在的方式，既然情绪和人生观可以影响主体对时间的主观感受，继而影响主体对世界的看法，以及对生活中的各种事件和人之间关系的感知就一点也不奇怪了。人生几十年，甚至上百年，可谓不短，但对于持祸福相依相对主义之说的道家来说，时间变短了！歌德也曾有一个比喻：“快乐是圆球，愁苦是多角体。”圆球一滚就过，而多角体辗转即停。

既然快乐与时间相关，“永远快乐”就荒谬得不能成立，但人们还是爱把它作为一句祝福语赠予朋友，这是因为它投射了人们内心的一种企盼。按照弗洛伊德的理论，其实快乐的原则正是人潜意识中的原则。那就是说，渺茫和荒谬的祝语背后隐藏的是人们内心世界的某种愿望。现实的人生并不总是快乐的，所以，人们发明了用幻想来满足难以实现的快乐的方法。“永远快乐”虽然渺茫和荒谬，但它却不是废话。“人生虽然痛苦，却并不悲观，因为它终究拥抱着快乐的希望。”

人类和动物都有肉欲方面的快感，可是只有人有精神上的快乐，而且只有人才有最终由精神来决定快乐的能力，这也许是动物的本能与人的文化的区别。人既可以将动物式的快乐感知为耻辱与痛苦，也可以在生物性的痛苦（如病患）中滤出快活来。事实上，现实生活总是快乐与痛苦的混合物，态度和认知就是一个过滤器：抑郁、自卑的人只会滤出痛苦和悲伤，而开朗、豁达的人却可以滤出快乐与幸福来。读者朋友，您的过滤器在生活中滤出了什么呢？

“精神是一切快乐的根据，从此痛苦失掉了它们的可怕，肉体减少了专制。”“人生虽不快乐，但仍能乐观。”其实，快乐与痛苦全在解释。有人说得好：“知苦之必有乐，故不求乐；知乐之生于苦，故不畏苦。”有了对苦的辩证认识，就会改变之前对苦的态度，从而影响个人对苦的情绪。您明白生活中痛苦的来源和解决的方法了吗？

数一数看，您生活中有什么令人痛苦的事情？过去也许只是认为痛苦是环境或别人强加给您的，现在不妨尝试改变自己原来的想法，看看痛苦究竟去了哪里。

阅读材料

论快乐

◎钱钟书

在旧书铺里买回来维尼 (Vigny) 的《诗人日记》，信手翻开，就看见有趣的一条。他说，在法语里，喜乐 (bonheur) 一个名词是“好”和“钟点”两词拼成，可见好事多磨，只是个把钟头的玩意儿。我们联想到我们本国话的说法，也同样的意味深永，譬如快活或快乐的快字，就把人生一切乐事的飘瞥难留，极清楚地指示出来。所以我们又慨叹说：“欢娱嫌夜短！”因为人在高兴的时候，活得太快，一到困苦无聊，愈觉得日脚像跛了似的，走得特别慢。德语的沉闷 (Langweile) 一词，据字面上直译，就是“长时间”的意思。《西游记》里小猴子对孙行者说：“天上一日，下界一年。”这种神话，确反映着人类的心理。天上比人间舒服欢乐，所以神仙活得快，人间一年在天上只当一日过。从此类推，地狱里比人世间更痛苦，日子一定愈加难度。段成式《酉阳杂俎》就说:“鬼言三年，人间三日。”嫌人生短促的人，真是最快活的人；反过来说，真快活的人，不管活到多少岁死，只能算是短命夭折。所以，做神仙也并不值得，在凡间三十年已经做了一世的人，在天上还是个刚满月的小孩。但是这种“天算”，也有占便宜的地方：譬如戴君孚《广异记》载崔参军捉狐妖，“以桃枝决五下”，长孙无忌说罚得太轻，崔答：“五下是人间五百下，殊非小刑。”可见卖老祝寿等等，在人间最为相宜，而刑罚呢，应该到天上去受。

“永远快乐”这句话，不但渺茫得不能实现，并且荒谬得不能成立。快过的绝不会永久；我们说永远快乐，正好像说四方的圆形、静止的动作同样地自相矛盾。在高兴的时候，我们的生命加添了迅速，增进了油滑。像浮士德那样，我们空对瞬息即逝的时间喊着说："逗留一会儿罢！你太美了！"那有什么用？你要永久，你该向痛苦里去找。不讲别的，只要一个失眠的晚上，或者有约不来的下午，或者一课沉闷的听讲——这许多，比一切宗教信仰更有效力，能使你尝到什么叫作"永生"的滋味。人生的刺，就在这里，留恋着不肯快走的，偏是你所不留恋的东西。

快乐在人生里，好比引诱小孩子吃药的方糖，更像跑狗场里引诱狗赛跑的电兔子。我们活了一世，忍受着许多痛苦，赚来几分钟或者几天的快乐。我们希望它来，希望它留，希望它再来——这句话概括了整个人类努力的历史。在我们追求和等候的时候，生命又不知不觉地偷度过去。也许我们只是时间消费的筹码，活了一世不过是为那一世的岁月充当殉葬品，根本不会享到快乐。但是我们到死也不明白是上了当，我们还理想死后有个天堂，在那里——谢上帝，也有这一天！我们终于享受到永远的快乐。你看，快乐的引诱，不仅像电兔子和方糖，使我们忍受了人生，而且仿佛钓钩上的鱼饵，竟使我们甘心去死。这样说来，人生虽痛苦，却不悲观，因为它终抱着快乐的希望；现在的账，我们预支了将来去付。为了快活，我们甚至于愿意慢死。

穆勒曾把"痛苦的苏格拉底"和"快乐的猪"比较。假使猪真知道快活，那么猪和苏格拉底也相去无几了。猪是否能快乐得像人，我们不知道；但是人会容易满足得像猪，我们是常看见的。把快乐分肉体的和精神的两种，这是最糊涂的分析。一切快乐的享受都是属于精神的，尽管快乐的原因是肉体上的物质刺激。小孩子初生下来，吃饱了奶就乖乖地睡，并不知道什么是快活，虽然它身体感觉舒服。缘故是小孩子的精神和肉体还没有分化，只是混沌的星云状态。洗一个澡，看一朵花，吃一顿饭，假使你觉得快活，并非全因为澡洗得干净，花开得好，或者菜合你口味，而主要因为你心上没有挂碍，轻松的灵魂可以专注肉体的感觉，来欣赏，来审定。要是你精神不痛快，像将离别时的筵席，随它怎样烹调得好，吃来只是土气息、泥滋味。那时刻的灵魂，仿佛害病的眼怕见阳光，撕去皮的伤口怕接触空气，虽然空气和阳光都是好东西。快乐时的你，一定心无愧怍。假如你犯罪而真觉快乐，你那时候一定和有道德、有修养的人同样心安理得。有最洁白的良心，跟全没有良心或有最漆黑的良心，效果是相等的。

发现了快乐由精神来决定，人类文化又进一步。发现这个道理，和发现是非善恶取决于公理而不取决于暴力，一样重要。公理发现以后，从此世界上没有可被武力完全屈服的人。发现了精神是一切快乐的根据，从此痛苦失掉它们的可怕，肉体减少了专制。精神的炼金术能使肉体痛苦都变成快乐的资料。于是，烧了房子，有庆贺的人；一箪食，一瓢饮，有不改其乐的人；千灾百毒，有谈笑自若的人。所以我们前面说，人生虽不快乐，而仍能乐观。譬如从写《先知书》的所罗门直到做《海风》诗的马拉梅(Mallarmé)，都觉得文明人的痛苦，是身体困倦。但是偏有人能苦中作乐，从病痛里滤出快活来，使健康的消失有种赔偿。苏东坡诗就说："因病得闲殊不恶，安心是药更无方。"王丹麓《今世说》也记毛稚黄善病，人以为忧，毛曰："病味亦佳，第不堪为躁热人道耳！"在着重体育的西洋，我们也可以找着同样达观的人。多愁善病的诺凡利斯 (Novalis) 在《碎金集》里建立一种病的哲学，说病是"教人学会休息的女教师"。罗登巴煦 (Rodenbach) 的诗集里有专咏病味的一卷，说病是"灵魂的洗涤"。身体结实、喜欢活动的人采用了这个观点，就对病痛也感到另有风味。顽健粗壮的十八世纪德国诗人白洛柯斯 (H. H. Brockes) 第一次害病，觉得是一个"可惊异的大发现"。对于这种人，人生还有什么威胁？这种快乐把忍受变为享受，是精神对于物质的最大胜利。灵魂可以自主——同时也许是自欺。能一贯抱这种态度的人，当然是大哲学家，但是谁知道他不也是个大傻子？

是的，这有点矛盾。矛盾是智慧的代价。这是人生对于人生观开的玩笑。

只要你想快乐

导读

许多人将快乐等同于物质需求的满足。当然，在一定程度上，满足一个人的物欲的确可以带来暂时的快乐。可是，在临床咨询门诊中，我们见到一些已经赚够了钱、满足了各种物欲的白领反倒成了不快乐的人。可见，快乐的关键并不在于满足的结果，而在于追求满足的张力。所谓张力，就是需求与现实满足的差距或缺口。有差距，人才有奋斗的目标，才有追求的热情和快乐。张力消失了，快乐也就随之趋于平淡。人们常说，人总是不珍惜已有的东西，而拼命追求没有得到的东西。如没有结婚的人向往婚姻围城内的神秘，而已在围城里面的人又总想着外面世界的精彩。可见，快乐在于追求的过程，而不在结果。

经历同样的世界变化，不同的人有截然不同的情绪体验。事实上，社会的发展既会带来文明进步的成果，也会产生我们本不想要的副产品。如在建造蔚为壮观的人工环境的同时也造成了生态的破坏和环境的污染。人征服自然、开发资源的同时也制造出多种“文明病”。社会的发展并不以个人的意志为转移，但对此悲观或乐观仍是源自个人的看法。乐观向上的人从中看到了进步和希望；而悲观厌世的人却只看到破坏和危机。消极的人认为社会越发达，问题就越多，烦恼也越多；而积极乐观的人却认为社会越进步，生活就越多彩、快乐。

为什么有的人历经沧桑还能很快乐？因为他心中有一种美好情感，这种美好情感远远超过挫折感和失望感。有高尚的或独特的人生观和价值观是一个人保持快乐的精神秘诀。

“要快乐并不难，只问他想不想快乐。”快乐并不简单地取决于外部的刺激或环境，而是取决于自己对事物和环境的评价。他如果想快乐，就应该放弃那些使自己不快乐的观念和认识。人究竟是有欲望才快乐，还是清心寡欲才快乐呢？究竟是满足欲望才快乐，还是知足才快乐呢？佛法说得好：“心生万法生，心灭万法灭。”快乐就是佛（觉悟者），而佛（觉悟者）是无须向身外寻觅的。

你不妨试一试，对自己原本觉得不快乐的事，用一种新的人生观和价值观重新评价一次，看看自己的心情是否会发生些变化。

阅读材料

到自己心里去找

◎[瑞士]赵淑侠

现代人是很不容易快乐的，主要因为现代是个不易使人感到快乐的时代。

物质匮乏的年月，人民渴望得到更多的物质享受，脑子里盘算的是购置某种希望得到的东西。把精神用在“唯物”上的时间一多，心也就被物欲填满了，有了这样又要那样，每得到一样也许能满足一阵子，但新鲜劲儿一过，别的欲望又上来了。

大规模的战争没有，世界马马虎虎地太平了几十年，每个国家都在做经济扩张，只要没遭天灾人祸，没动干戈，也没有自己搬石头砸自己脚的，多少都创造出一点经济生机。生产多，收入也普遍增多，那些以前可望而不可即，难以获得的东西，很轻易地就得到了，一样样地得到，物欲似乎被填满了，一被填满，人好像就不知该要什么了。于是，现代人渐渐发现，物质其实不能给人长久的快乐，工业社会的后遗症是心灵的空虚。于是，又开始找寻充实心灵的东西了，又崇尚大自然，想在山水之间找寻属于人类的悠游闲逸的原始情绪了。

现代人一着手找寻这种情绪，才体会到是如此的困难，才看清现代人除了被生活琐碎、被责任、被社会上许多不合理的大小事件引起的烦忧重压之外，还要忍受许多骚扰与侵犯，如噪音的袭击、病毒和核武器的威胁、自然环境的被破坏。

海水、河水、湖水都闹污染，有人兴致勃勃地买条大鱼烹之下酒，以享受大快朵颐之乐，没料到反被毒水里生长的毒鱼毒死了。汽车的废气把林里的千年老树熏出了病，欧洲 1/3 的树木是“病树”。人不能没职业，不能不找生路活命，打了动物剥皮，给摩登女郎穿在身上，是求生赚钱的路子之一。小海豹、小海狗已遭遇到绝种的危机，连非洲的大象也死得不剩什么了。林立的工厂，烟囱如雨后春笋，冒出的黑烟有威力让不吸烟的人照样肺上生癌。在分秒必争的现代化街道上，汽车机车是最快捷的代步工具，然而混乱的交通却造成人随时随地可能死的局面。生活越进步问题越增多，焦虑不安像影子似的跟着现代人的形体转，快乐在何处呢？要怎样去求得呢？

叔本华和萨特的哲学支配着现代人的思想。叔本华说：一切生命的本质就是苦恼。又说：一切的幸福都是消极的，我们不可能得到永恒的满足。萨特则强调生命存在的虚无性。当西方的新旧哲学学说都不能解决时髦的现代人的苦恼时，人们便向神秘而古老的东方寻探了。在中国两千多年来并没流行得起来的老子哲学，在20世纪80年代的西方的文明社会，反倒大行其道。

老子崇尚自然压黜人工，对人生的基本态度是主张“弱道”。如今联邦德国最前进的政党——绿党（在国会中占极少数席次）好像正是他的信徒，“回归自然”是他们最响亮的口号。他们仿佛很能体会“少则得、多则惑”和“五色令人目盲、五音令人耳聋、五味令人口爽”的境界，怡然自得地过着简衣素食，极具自然情调的生活。无论男女，都穿着大毛衣牛仔裤出席议会，还有那一张口发言，洋葱的气味逼得人掩鼻倒退的。

什么地方要造原子工业，立刻就有大批的“绿党”成员和他们的追随者，扛着铺盖到工地去露营，以阻止破坏自然生态和避免引起原子战争。虽说不去阻挡人家造原子弹，先消除本身的抵抗能力，并不能真正保护自然环境，也无法真正防止原子尘原子弹的侵袭。但追求自然之美、爱好和平的心却是炽热而明显的；不过，以这种方式找安全、幸福、快乐，还是没找对地方。

说起来现代人的烦恼多的是，如社会上一些不公平的现象和一些靡腐的空气给人的窒息感，付出多收获少而产生的挫折感，老之将至生命有限给人的空虚感，都使现代人情绪颓丧，不易获得真正的快乐。

现代人真的那么难以找到快乐吗？有次我给一位以前的老师写信把这话问他。他回信说，他这个“老现代人”是很快乐的，虽然一生有过那么多的挫折和失望，但当他想到他有那么美丽的国家、温馨的社会、善良的朋友、幸福的家庭和可爱的学生时，就觉得收回的比付出的远远超过，就会产生一种超过“快乐”的幸福感。

这位老师的话，深深地启发了我，知足乃长乐的根源。不管现代人或是非现代人，要想快乐，都得到自己心里去找。自己不想快乐，或是专把眼光往暗处黑处看的人，别人是没办法帮助他快乐起来的。

现代人要快乐并不难，只问他想不想快乐。

阅读材料

论解嘲

◎林语堂

人生有时颇感寂寞，或遇到危难之境，人之心灵，却能发出妙用，一笑置之，于是又轻松下来。这是好的，也可以看出他人之度量。古代名人，常有这样的度量，所以成其伟大。古希腊大哲人苏格拉底，娶了姗蒂柏，她是有名的悍妇，常作河东狮吼。传说苏氏未娶之前，已经闻悍妇之名，然而苏氏还是娶她。他有解嘲方法，说娶老婆有如御马，御马没有什么可学，娶个悍妇，于修身养性的功夫大有补助。有一天家里吵闹不休，苏氏忍无可忍，只好出门。正到门口，他太太由屋顶倒一盆水下来，正正淋在他的头上。苏氏说："我早晓得，雷霆之后必有甘霖。"真亏得这位哲学家雍容自若的态度。

林肯的大老婆，也是有名的，很泼辣，喜欢破口骂人。有一天一个送报的小孩子，十二三岁，不知道是送报太迟，或有什么过失，遭到林肯太太百般恶骂，詈不绝口。小孩向报馆老板哭诉，说她不该骂人过甚，以后他再不肯到那家送报了。这是一个小城，于是老板向林肯提起这件小事。

林肯说："算了吧！我能忍她十多年。这小孩了偶然挨一两顿骂，算什么？"这是林肯的解嘲。

中国有句老话，叫作"塞翁失马，焉知非福"。林肯以后成为总统，据他小城的律师同事赫恩顿的传记，说是应归功于这位太太。赫恩顿书中说，林肯怪可怜的，每星期六半夜，大家由酒吧要回家时，独林肯一人不大愿意回家。所以林肯那副出人头地、简练机警、应对如流的口才，全是在酒吧中学来的。又苏格拉底也是在家里不得安静看书，因此成一习惯，天天到市场去，站在街上谈空说理。因此乃开始“游行派的哲学家”的风气。他们讲学，不在书院，就在街头逢人问难驳诘。这一派哲学家的养成，也应归功于苏婆。

关于这类的故事很多，尤其关于几个名人临终时的雅谑。这种修炼功夫，常人是学不来的。苏格拉底之死，由柏拉图写来是最动人的故事。市政府说他巧辩惑众，贻误青年子弟，赐他服毒自尽。那夜他慷慨服毒，门人忍痛陪着，苏氏却从容阐发真理。最后他的名言是：““想起来，我欠某人一只雄鸡未还。”叫他门人送去，不可忘记。这是他断气以前最后的一句话。金圣叹判死刑，狱中发出的信，也是这一派。“花生米与豆腐干同嚼，大有火腿滋味。”（大约如此）。历史上从容就义的人很多，不必列举。

西班牙有一传说：一个守礼甚谨的伯爵将死，一位朋友去看他。伯爵已经气喘不过来，但是那位访客还是喋喋不休长谈下去。伯爵只好忍着静听，到了最后关头，伯爵不耐烦地对来客说：“对不起，求先生原谅，让我此刻断气。”他翻身朝壁，就此善终。

我尝读耶稣最后一夜对他门徒的长谈，觉得这段动人的议论，尤胜过苏氏临终之言，而耶稣在十字架上临死之言：“上帝啊，宽恕他们，因为他们所为，出于不知。”这是耶稣的伟大，出于人情所不能及。这与他一贯的作风相同：“施之者比受之者有福。”可惜我们常人能知不能行，常做不到。

快乐在于发现

导读

世界上从来就没有抽象的快乐，只有具体的快乐。快乐的体验可以来自于晴朗的天气、偶会老友、看动物嬉戏、栽培和修剪植物、躺着读书、市井购物、欣赏自然景色和起居生活的一景一事。可见，快乐无处不在，无时不有。

快乐并不简单地取决于事物或场景对人的视、听、触、嗅等感官刺激，而取决于个体是否具有率真坦诚、豪爽侠义的精神境界和不拘小节、任性由情的豁达胸怀。如一把火烧掉别人所欠自己的“无有还理”的文契债券而感到的仁爱之乐；从一个十年别友不拘礼节，请自己妻子拔金簪沽酒的情节中所感受到的朋友之间的坦率真诚；从一个壮汉阻止两个好斗书生的街景中发现的劳动者的侠肝义胆；从孩子朗朗的读书声中发现的童趣天真。

不快乐的人总将自己不快乐的原因归咎于环境，其实快乐源自人的胸怀。不快乐的人应该反省一下自己的性格是否孤僻？认知是否过于偏执？心胸是否过于狭隘？对人是否怀有敌意和嫉妒？

快乐并不一定来源于与自己利益有关的事情，而可以是自然界和社会中的任何境遇或事件。快乐的获得在于发现和领悟的能力，而且这种能力是可以训练的。感觉灵敏、感情丰富、思维明晰的人会发现比常人更多的快乐。

古代文人贤士对快乐的发现很有见地，如孔子有三乐：学而时习之，不亦乐乎；有朋友自远方来，不亦乐乎；饭疏食，饮水，曲肱而枕之，乐在其中。与孔子同时代的隐士荣启期亦有三乐：天生万物，唯人为贵，吾能为人，是一乐；男女之别，男尊女卑，而吾得为男人，是二乐；许多人活不到天年，而我已经活了 90 岁，这是三乐。宋代邵雍更是无所不乐，他写有《乐乐》一诗："吾常好乐乐，所乐无害义。乐天四时好，乐地百物备。乐人有善行，乐己能乐事。此数乐之处，惟乐常如事。"

我们不妨一试，从自己的生活中找出 33 个快乐的事件和场景，或者从新的视角重新评价以前那些被认为是不快乐的事件，看看是否有新的发现和体会。

阅读材料

三十三则不亦快哉

◎(清)金人瑞

其一：夏七月，赫日停天，亦无风，亦无云；前后庭赫然如洪炉，无一鸟敢来飞。汗出遍身，纵横成渠。置饭于前，不可得吃。呼簟欲卧地上，则地湿如膏，苍蝇又来缘颈附鼻，驱之不去，正莫可如何，忽然大黑车轴，疾澍[1]澎湃之声，如数百万金鼓。檐溜浩于瀑布。身汗顿收，地燥如扫，苍蝇尽去，饭便得吃。不亦快哉！

其一：十年别友，抵暮忽至。开门一揖毕，不及问其船来陆来，并不及命其坐床坐榻，便自疾趋入内，卑辞叩内子："君岂有斗酒如东坡妇乎?”内子欣然拔金簪相付。计之可作三日供也，不亦快哉!

其一：空斋独坐，正思夜来床头鼠耗可恼，不知其戛戛者是损我何器，嗤嗤者是裂我何书。心中回惑，其理莫错，忽见一狻猫，注目摇尾，似有所睹。敛声屏息，少复待之，则疾趋如风，欻然一声，而此物竟去矣，不亦快哉!

其一：于书斋前，拔去垂丝海棠紫荆等树，多种芭蕉一二十本。不亦快哉!

其一：春夜与诸豪士快饮，至半醉，住本难住，进则难进。旁一解意童子，忽送大纸炮可十余枚，便自起身出席，取火放之。硫磺之香，自鼻入脑，通身怡然。不亦快哉!

其一：街行见两措大②执争一理，既皆目裂颈赤，如不戴天，而又高拱手，低曲腰，满口仍用者也之乎等字。其语刺刺，势将连年不休。忽有壮夫掉臂行来，振威从中一喝而解。不亦快哉!

其一：子弟背诵书烂熟，如瓶中泻水。不亦快哉!

其一：饭后无事，入市闲行，见有小物，戏复买之，买亦已成矣，所差者至甚少，而市儿苦争，必不相饶。便掏袖下一件，其轻重与前值相上下者，掷而与之。市儿忽改笑容，拱手连称不敢。不亦快哉!

其一：饭后无事，翻倒敝箧。则见新旧逋欠文契不下数十百通，其人或存或亡，总之无还之理。背人取火拉杂烧净，仰看高天，萧然无云。不亦快哉!

其一：夏月科头③亦足，自持凉伞遮日，看壮夫唱吴歌，踏桔槔④。水一时涌而上，譬如翻银滚雪。不亦快哉!

其一：朝眠初觉，似闻家人叹息之声，言某人夜来已死。急呼而讯之，正是一城中第一绝有心计人。不亦快哉!

其一：夏月早起，看人于松棚下，锯大竹作筒用。不亦快哉!

其一：重阴匝月，如醉如病，朝眠不起。忽闻众鸟毕作弄晴之声，急引手搴帷[5]，推窗视之，日光晶莹，林木如洗。不亦快哉！

其一：夜来似闻某人素心[6]，明日试往看之。入其门，窥直闺，见所谓某人，方锯案面南看一文书。顾客入来，默然一揖，便拉袖命坐曰："君既来，可亦试看此书。"相与欢笑，日影尽去，既已自饥，徐问客曰："君也饥耶？"不亦快哉！

其一：本不欲造屋。偶得闲钱，试造一屋。自此日为始，需木，需石，需瓦，需砖，需灰，需钉，无晨无夕，不来聒于两耳。乃至罗雀掘鼠，无非为屋校计，而又都不得屋住。既已安之如命矣。忽见一日屋竟落成，刷墙扫地，糊窗挂画。一切匠作出门毕去，同人乃来分榻列坐。不亦快哉！

其一：冬夜饮酒，转复寒甚，推窗试看，雪大如手，已积三四寸矣。不亦快哉！

其一：夏日于朱红盘中，自拔快刀，切绿沉西瓜。不亦快哉！

其一：久欲为比丘[7]，苦不得公然吃肉。若许为比丘，又得公然吃肉。则夏月以热汤快刀，净割头发。不亦快哉！

其一：存得三四癞疮于私处，时呼热汤关门澡之。不亦快哉！

其一：箧中无意忽检得故人手迹。不亦快哉！

其一：寒士来借银，谓不可启齿，于是唯唯亦说他事。我窥见其苦意，拉向无人处，问所需多少。急趋入内，如数给与，然而问其必当速归料理是事耶？或尚得少留共饮酒耶？不亦快哉！

其一：坐小船，遇利风，苦不得张帆，一快其心。忽遇艑舸，疾行如风。试伸挽钩，聊复挽之。不意挽之便着。因取缆，缆向其尾，口中高吟老杜"青惜峰峦过，黄知桔柚来"之句，极大笑乐。不亦快哉！

其一：久欲觅别居与友人共住，而苦无善地。忽一人传来云有屋不多，可十余间，而门临大河，嘉树葱然。便与此人共吃饭毕，试走看之，都未知屋如何。入门先见空地一片，大可六七亩许，异日瓜菜不足复虑。不亦快哉！

其一：久客得归，望见家门，两岸童妇，皆作故乡之声。不亦快哉！

其一：佳磁既损，必无完理。反复多看，徒乱人意。因宣付厨人作杂器充用，永不更令到眼。不亦快哉！

其一：身非圣人，安能无过，夜来不觉私作一事，早起怦怦，实不自安。忽然想到佛家有布萨之法，不自覆藏，便成忏悔。因明对生熟众客，快然自陈其失。不亦快哉！

其一：看人作擘窠[8]大书，不亦快哉！

其一：推纸窗放蜂出去，不亦快哉！

其一：做县官，每日打鼓退堂时，不亦快哉！

其一：看人风筝断，不亦快哉！

其一：看野烧，不亦快哉！

其一：还债毕，不亦快哉！

其一：读《虬髯客传》[9]，不亦快哉！

【注释】

①疾澍（shù）：疾，迅猛；澍，阵雨。

②措大：旧称贫寒的读书人，含有轻慢之意。

③科头：谓不戴帽子。

④桔槔（jiégāo）：一种原始的汲水工具。

⑤搴（qiān）帷：搴，揭起；帷，帐幔。

⑥素心：心地淳朴。陶潜《移居》诗：“闻多素心人，乐与数晨夕。”

⑦比丘：佛教名词，指和尚。

⑧擘（bò）窠：写碑文刻界大书。

⑨《虬髯客传》：传奇小说，传为唐末杜光庭所作。

快乐是没有条件的

导 读

芸芸众生几乎不谈论“什么是快乐”这样空洞抽象的话题，但是他们对快乐的体验并不稀缺。而舞文弄墨的文人也许是太多愁善感，对日常生活中点滴的快乐便会发出赞叹。但是，赞叹快乐与感知快乐并不一样：前者是提升了的精神，感知是深刻的，印象是难忘的；而后者则可能仅仅是身心的，瞬间即逝的，当下的快感。有趣的是，有心理障碍的人既难有平常人时时体验的身心快乐，也难有文人赞美快乐的感慨。

一事一物，即使平常，也能勾起人的情绪反应。从这种意义上说，并没有快乐的事物和悲伤的事物之分：任何事物都可以既引发快乐，又带来伤感！关键在于你的视角和心态。如当你看到儿时的玩具完整无缺时，既可悲叹光阴似箭，亦可庆幸自己健康成长；空荡荡的房间可以使人感觉寂寞，亦可与拥挤的家庭相比感觉富甲天下。巧应厌友、自嘲、转换思维、幽默偷笑、恢复童心、打破常规等方法都是获取快乐的精神法宝。

你是否已经有这样的领悟：快乐在生活中无处不在，无时不有，就看你能不能发现。一个人怎样才能发现快乐，全取决于他看待和评价事物的辩证方式。因为任何事物都是一分为二的，即使是通常被认为是坏事的，从辩证的角度来看，总是可以找到转化的积极意义的。譬如家住没有电梯的高楼，悲观者总是抱怨每天爬了多少次楼，而乐天者总乐道今天又锻炼了几回。又如做饭，有人当是一种不情愿的义务，有人当是放松一下的消遣，有人当是一种用心的艺术，它究竟是什么，全在于你的认识和发现。古人云："真神在内，意常欣欣。"

只要你抱定快乐是无条件的信念，快乐就绝不会远离你！

阅读材料

快乐的发现

◎邱鸿钟

快乐无定法，快乐的感觉永远是自己的，别人的快乐你借不到，而你的快乐也给予不了别人。因此，自己的快乐就必须自己去寻找。快乐的人并不是特别走运，总遇到快乐，而是他更善于在平凡的生活中发现快乐。

其一，人称家务活累人，烦人，可是世界上还有什么事像家务一样全是为了自己的创作呢？你可以将自己的房间装修得像宾馆、宫殿式的豪华，也可以回归自然，返璞归真，以稻草铺床、木板当墙、卵石铺地；你可以在墙上悬挂性感的俊男靓女，你可以穿得不能再少，你可以乱丢衣物、书籍，与宠物共舞。总之，你率性而为，你任意操持而不必担心别人的评头论足。可见，家务的别称就叫做生活雕塑的艺术。在家，我们才是真正自由创作的艺术家，不亦乐乎。

其二，生活像烹饪，而烹饪就是一种艺术。选择什么样的菜，怎样做，做什么，全在你的爱好和创意，就是臭鱼臭肉，只要你认为好吃，别人的看法全不重要。创造在你，评价在你，世界上还有什么比它更易获得自信呢？爱、热情、兴趣、幽默好比油、盐、醋、糖，生活的味道怎样全在于你放了多少酸、甜、苦、辣，生活是毛毛细雨的幸福，还是热情似火的激情，全看你用蒸、炒、煮和烧烤的技艺。每天的烹饪就是一次艺术的享受，不亦乐乎。

其三，冬天晒晒太阳，既省电，又清洁，无环境污染，还能增加体内维生素D的合成，强筋健骨，不亦乐乎。

其四，家住九楼，日必登数次，平日不觉有什么好处。一日同楼的老王说买了一台蹬车健身机，耗电花钱不说，三天二天机器故障维修，扯皮官司没少跑；再看老李，每日晨跑颇为积极，可有一天下雨地滑，摔了一跤，从此闭门不出。打球也好，舞剑也好，心情不好，天公不作美，身体欠佳时，均只好作罢，因此，锻炼身体难得见有持之以恒者。而家住没有电梯的高楼者天天上下班，一日难免上下走几趟，不知不觉已经完成了许多人要花钱费时的锻炼，可谓“春雨润物细无声”，不亦乐乎。

其五，中国人是一个以吃表示欢迎、友好、感激、悲痛的民族，喜事要吃，丧事也要吃，总之，吃中有乾坤，有交情，有权谋。现在我们并不缺吃，但仍好吃，并乐此不疲。心理学家们分析说，因为嘴是人获得快感的第一个器官，所以吃可以带来快感！谁都知道吃多了不利于健康，因此，可以说，吃的快乐主要来源于吃的动作与形式，而与食物的内容与多少无关。广东人深谙这个“吃理”，吮嘲螺（俗称炒田螺）就是一个创举。八月中秋广东人必吃嘲螺，专家研究这是具有文化意义的一种吃法，一个带性感的吸吮动作正是那快感的全部奥秘。吮嘲螺不亦乐乎。

其六，上班路上车水马龙，熙熙攘攘。“肉包铁”的摩托族，如游鱼穿梭蛮灵活，但恐惧得没有安全感；“铁包肉”的小车族，叹空调听音响煞似华贵威风，可行如蜗牛；骑自行车，正物如其名，任凭交通堵塞，来去自由，不仅省钱，不费油，还额外有日光浴、活动筋骨、延缓衰老的益处。同是上街购物，我自行车族早已结账拎包出门，有车族却还在为泊车寻寻觅觅。“绿色交通”利国利民，利他利己，不亦乐乎。

其七，俗语说，大款自己开车，当官的人坐专车，无权无势的老百姓站公交车。其实，想一想站公交车不吃亏，抓住扶手，吊吊手臂，活动一下脖子，对于整天埋头伏案工作的办公族来说真是一种难得的锻炼机会。除此之外，车厢内还是一个小社会，在这里你可以欣赏到南腔北调的口语文化，听到最流行的趣闻轶事、都市新闻，看到打扮得万紫千红的各式各样的人物，在这里你可能遇到见义勇为的英雄，或者是行窃的小偷和抢劫犯。公交车是一个观察者与被观察对象距离最近的社会行为和心理的实验室，自然而没有结构，难得，难得，不亦乐乎。站大巴没有自己开车的精神紧张，没有坐专车的腰酸背痛，没有“打的”的蒙受欺骗，不亦乐乎。

其八，少时读书为父母，青年时读书图文凭，中年时读书为工作，可能只有老年读书为兴趣。故老而乐学者真乐。为考而读禄也，为父母而读孝也，为工作而读名也，而乐学者真乐也。以书作声歌，以古人当朋友，以吟诵当医药，不亦乐乎。

其九，穷时有穷快活，曰退一步法，想想当初之逆境，比上不足，比下有余，乐境自生；富有富时的快活，捐助希望工程、敬老院，仗义疏财，潇洒走一回，不亦乐乎。乐与不乐实一念之间，乐与不乐不在穷富而在于心。知足不辱，知止不殆，至乐在其中矣。

阅读材料

无知的乐趣

◎[英]罗伯特·林德

同一个普通城里人到乡下散步，特别是在四五月里，不为他对事事无知感到惊奇是不可能的。一个人到乡下散步，不为自己对事事无知吃惊也是不可能的。成千上万的人浑浑噩噩地过了一生，分不出哪是山毛榉树哪是榆树，也听不出画眉和山鸟的鸣声有什么不同。住在现代城市里的人能够分辨这两种啼声的大概是极其罕见的。这倒不是因为我们没有见过这两种鸟，而是因为我们从不去注意它们。我们同各种小鸟毗邻而居，但我们的观察力却极其迟钝：很少人能说出苍头燕雀是否鸣啭，布谷鸟是什么颜色。有时候我们会像小孩儿似的争论不休：布谷鸟是不是总是在飞翔，还是有时也栖在树枝上唱歌；乔治·查浦曼（1559—1634，英国诗人、戏剧家）是凭借对大自然的观察，还是根据自己的想象写出下面两行诗句：

布谷在橡树的嫩枝上歌唱，
带给人们第一束明媚春光。

但我们的这种无知也绝不完全是坏事。从无知中我们就会不断获得发现的喜悦。只要我们本来是懵懵懂懂的，每年春天大自然的各种现象就会带着清新的露珠呈现在我们眼前。如果我们活了半辈子还从未看见过布谷鸟，只知道它是一个飘逸游荡的声音，那么当我们第一次看见它由于自己干了坏事，急匆匆地从一个树丛逃到另一个树丛，或者当我们看见它在鼓足勇气，准备飞落到长满杉树，可能埋伏着复仇的敌人的山坡之前，像鹰隼一样悬在空中，长尾巴索索抖动着，我们一定会产生一种又惊又喜的感觉。不要认为生物学家在观察鸟类时就没有这种喜悦心情。两者的不同是：生物学家的欣喜是持续不断的，或许他的一生就是在这种恬静的孜孜探索中度过；而一个普通人某天早晨初次见到一只布谷鸟却喜出望外，仿佛天地都为之一新！

讲到喜悦之情如何产生，就连生物学家在某种程度上也有赖于无知，使他得以不断发现新大陆。书本上的知识他可能已经从A读到Z了，但他还是要用自己的眼睛去印证一下每一个色彩绚烂的事实，不然他就仍然感到自己的知识只是半吊子。他要亲眼看一下雌布谷鸟——罕见的景象！——如何在地面上生蛋，然后再把蛋衔到巢中，哺育出一个杀婴犯。生物学家会手执一副望远镜日复一日地进行观察，为了证实或否定布谷鸟确是把蛋生在地面上而不是窝里。而且即使他的运气好，碰巧看到了这种行踪极其诡秘的小鸟在下蛋，也还有许许多多其他有争议的问题有待他去克服。譬如说，布谷鸟的蛋同它投放在某个巢内的其他鸟儿的蛋颜色是否相同呢？科学家们显然不必为他们失去的无知悲叹。如果说他们似乎已经无所不知，那也只是因为我们几乎一无所知。在他们揭露出的每个现象后面，永远都有一个神秘的无知的宝库等待着他们去挖掘。他们永远也不会知道赛壬海妖唱给尤利西斯听的是什么歌；在这一点上，他们同托马斯·布朗爵士（1602—1682，英国医生及作家，研究古代巫术）没有什么两样。

我举了布谷鸟的例子来说明一般人的无知，绝不是因为我对这种鸟可以发表权威性的见解，只是因为有一次我走过一个教区，见到那里几乎簇集了非洲的所有布谷鸟。我突然发现自己，或者我随便遇到的任何一个人对这种鸟是多么孤陋寡闻。但你我的愚昧无知绝不仅限于布谷鸟一件事上。宇宙万物，从太阳、月亮直到各种花卉的名字，我们都不甚了了。有一次我听到一个聪明的女人问别人，新月是不是总在每月的同一天出现。后来她又添了一句：不知道也好，因为如果弄不清月亮什么时候出现在天空的某个方位，抬头望到，就会给人一种惊喜的感觉。但是我却认为，就是对那些熟悉月亮升落时间表的人来说，新月也总令人感到惊异。春天的来临，百花争艳，情况也与此相同。我们非常熟悉花卉每年开放的时间，知道樱草总是在三四月开花，而不是十月，因此，当我们看到一株季节未到就开花的樱草，也会有喜出望外之感。我们还都知道，苹果树开花总在结果之前，但如果我们在五月里一天晴朗的假日到一个果园去走一遭，还是会惊奇不已的。

每年春天重新熟悉一下各种花草的名字也会给人以特殊的乐趣，这就像重读一本印象已经模糊的书一样。蒙田曾说，他的记忆力极坏，读旧书也总像读新书一样津津有味。我自己的记忆力也很不可靠，任什么都记不牢，所以我可以反复读《哈姆雷特》、《匹克威克外传》，就像读一个作家的带着油墨气味的新著一样。我读完任何一本书，都有许多事再也记不起来，只好下次再重读。记忆力不好有时候会叫人非常痛苦，特别是对一个事事都讲求精确的人。但这是就那些生活除消闲自娱尚有重大目标的人而言。如果单从享受乐趣的观点看，认为记忆力不佳就一定不如记忆力强，实在是很可怀疑的。记忆力欠佳，一个人就可以翻来覆去读一辈子普卢塔克或者《一千零一夜》。一些细枝末节当然也可能留在最为健忘的人的脑子里，正像一群羊钻出篱笆不可能不留下几撮羊毛一样。可是整只羊却跑得一干二净。大作家也就是像羊这样跳出一个记忆失灵的头脑，只留下点点滴滴的遗痕。

如果说连书读过了都会忘记，那么一年中的某个月份、这一个月曾经呈现给我们什么，一旦事过境迁就更容易遗忘了。在某个短暂时刻，我可以对自己说，我对五月了如指掌，就像能背熟九九表一样。五月份开什么花，花的形状、开放顺序……什么都考不住我。今天我还非常有把握地认为毛茛长着五个花瓣（也许是六个吧？上星期我还记得很清楚呢！），但明年我的计算就都生疏了。为了不把毛茛同白屈菜弄混，我可能不得不重新温习一遍。我将再一次用一个陌生人的眼睛重新观察一下外部世界这个大花园，五颜六色的大地会叫我惊讶得喘不过气来。我将犹疑不决，认为褐雨燕（一种形状像燕子但个子更大的黑色小鸟，它是蜂鸟的近亲）从来不在巢中栖息，夜间只飞到高空中，究竟是根据科学呢，还是出于无知？我还会再一次惊奇地发现，会唱歌的是雄性，而不是雌性的布谷鸟。我甚至还要再学习一次，不要把剪秋罗误认为野天竹葵，再重新发现在众多树木中，梣树发芽迟还是发芽早。一个外国人有一次问一位英国当代作家，英国主要的粮食作物是什么。这位作家毫不犹豫地回答："稞麦。"这种愦愦然的态度似乎不无某种不拘小节的宽宏豁达，但那些没有文化修养的人其无知程度就更不堪说了。使用电话的人很少知道电话机的原理。电话也罢，火车也罢，活字印刷、飞机也罢，人们都认为是理所当然的事物，正像我们的祖父对福音书上记载的奇迹从不怀疑一样。人们对日常事物既不深究，也不理解。仿佛是每个人都只活动在一个小小的圈子里，他所熟悉的也只是限于这个小圈子里的东西。日常工作之外的知识，大多数人都看作是华而不实的装饰品。但尽管这样，无知还是经常刺激了我们，叫我们有所反应。我们有时候会悚然一惊，开始对某一事物思索起来。对不论是什么事进行思索，都会使我们心醉神驰。我们思考的可能是死后的归宿，也可能是一个据说曾经叫亚里士多德为难的问题："为什么从中午到午夜打嚏喷是件好事，而从午夜到正午打嚏喷却预兆不幸？"我们所知道的人生最大乐趣之一，就是这样逃遁到无知中去寻找知识。无知的乐趣，归根结底，就在于探索问题的答案。一个人如果失去了这种乐趣，或者以武断的乐趣取代了它，也就是说，以能解答问题而沾沾自喜，他也就开始僵化了。像本杰明·乔义特（1817—1893，英国古典学者）这种充满好奇心的人是很令人羡慕的，他在六十多岁的时候还坐下来孜孜研究动物生理学。我们大多数人早在他那个岁数之前就已失去无知的感觉了，甚至还为我们那点儿少得可怜的知识自鸣得意，认为年纪增长本身就意味着饱学博识。我们忘记了一件事：苏格拉底之所以被看作是个智者，并不是因为他什么都知道，而是因为他在70岁的时候领悟到他还什么都不知道。

（傅惟慈译）

快乐是一种选择

导读

不少人总是爱去谋取那些要靠权贵恩赐的东西，结果大多以失望和伤心告终；相反，他们对一种能给自己带来许多好处的、天然就拥有的自主权利却常常熟视无睹，这种权利就是快乐！

一些人总是把自己不快乐的原因归结于周围的环境或其他人，并且认为自己不能改变现状。他们认为快乐的原因受制于外界，所以，这些人也就永远无法快乐起来。我常常对这些求诊的人说，你不妨先尝试赞扬别人。结果是只要真的去实践过的人总是会告诉我，他们开始虽然觉得张口赞扬别人十分地难为情，但都得到了对方同样的回报：与别人之间的“话多了”，“笑声也多了”，自己与原来嫉妒的人之间的关系得到了改善。由此可见，要想自己快乐，就要先让别人快乐起来。这正印证了孔子那句“乐道人之善”为有益的观点。一个不快乐的人只有改变自己对人对事的态度与行为才能改变不快乐的境遇。赞赏别人的优点，就等于为自己准备了一顿快乐的午餐。

即使是周围有小人想让你不快乐，造谣中伤，“别人眼中的你”的形象甚至也因此而遭受损害，但你的“理想自我”仍是独立自主的，你仍然有选择快乐的自由。其实，苦与乐是辩证统一的，古人云：“人生苦乐皆无尽境，人心忧喜亦无定程。曾经极乐之境，稍不适则觉苦；曾经极苦之境，稍得宽则觉乐矣。”苦乐好似格式塔的转换，观察的对象和背景全在你的选择！

快乐是健康的主要内涵，这是因为人的健康不仅包括身体没有伤痛和疾病，而且包括心理上和社会上的完满状况。而快乐正是心理健康最直接和综合的表露。快乐也反映了人对社会状况的看法与生活态度，即使其社会状况不尽如人意，快乐也表明了他(她) 能随遇而安，苦中求乐。

快乐与美也是内在一致的。快乐是最可爱的精神品质，是人际沟通的润滑剂，温暖人心的能量，吸引别人的魅力。抑郁压抑智力，快乐激发智慧，这也许是一条心理规律。

如果你身患疾病，如果你感到青春不再，如果你遭人算计、被人造谣中伤，你不妨一试快乐这个自主权利。

阅读材料

快乐的权利

◎宋　瑞

人，生而就享有种种自由与权利，而快乐无论如何应该是人的主要权利之一。我们每个人都应享受快乐的人生。但是人有秉性上的差异，因此，生就快乐性情的人，真是得天独厚了。

换句话说，不快乐是人自招的，跟别人无关。快乐的人，在什么地方都快乐，环境影响不了他，情势奈何不得他。因为快乐的人有着一种不可救药的习惯，就是乐观。它老是与之如影随形，不肯分离；往往突如其来地，那压抑不住的快乐会打从他的心窝深处冒上来。

由此看来，快乐无疑是健康的主要本质；不但如此，更是智慧的泉源。事实上，使我们快乐的日子，也使我们变得聪明。提摩赛·第维德 (Timothy Dwight) 有句话说得不假：“最快乐的人是具有最有趣念头的人。”快乐源自人的内心，你多去想快乐的事，你的快乐自然也愈多。

快乐可以说是取之不尽、用之不竭的能源。快乐的人不需要修饰装扮，快乐本身就是无上的装饰。因为从他身上辐射出来的和暖的热力，从他脸上绽放出来的璀璨的光辉，实是最吸引人的一种魅力。

人在现实环境中，遭遇各有不同。生活在物质条件上，难免受它的约束。但任何物质都脱离不了天然的边际效用，无论它所给你的是苦是乐，总归有限；超越了它，去营求内在的心灵的快乐，那才是真正的快乐。请记住，可别放弃了你应有的快乐的权利。

阅读材料

快乐的人

◎子　敏

我最喜欢观察快乐的人，研究他快乐的原因。我所得到的结论使我自己非常惊奇。

原来使人不快乐的竟是“人”。快乐的人都有一种很特殊的本领：他不但能使“人”不成为他不快乐的原因，而且还能使“人”成为他快乐的原因。是“人”使人不快乐。

一个生病的人可能很不快乐。他认为那是“病”使他不快乐，是肉体的痛苦使他不快乐。事实上并不完全是这样。他不快乐的原因，实在是因为他想到世界上所有的人都很健康，唯独他一个人要受这个罪，所以他就不怎么快乐。

如果世界上所有的人都病得像他那么厉害，都有跟他相同的肉体的痛苦，他就不会那么不快乐了。

我们不能像武侠片子里的侠客那样，往下一蹲，往上一挺身，呼的一声，就由平地“飞”到城墙上去。但是我们并不因此“不快乐”。我们知道别人也同样飞不起来。他们如果想到城墙上去，不走台阶，就得爬云梯，没有其他更好的办法。我们知道不会有人围在四周，指指点点地说：“快来看哪，这里有个不会飞的人，竟敢到江湖上来走动！”因此，我们都不因为“不会飞”不快乐。

一个会飞的人，毫无疑问，一定比别人快乐。那是因为别人都不能飞，只有他能飞得像一只燕子，所以他才觉得快乐。如果我们人类根本就是背上长着翅膀的，个个都是飞得很出色的，那么，他就不一定那么快乐了。

一个爱辩论的人如果不快乐，依我的看法，除了对方太不讲理以外，还有一个原因是大家都说对方“对”。如果他快乐，除了对方逐渐的“理屈词穷”以外，还有一个原因是大家都说对方“不对”。一个爱辩论的人的快乐不快乐，很少跟辩论的问题本身有关。

我所说的这些不快乐的原因，都跟“一般人”这个概念有关。“一般人”都能怎样，你偏不能那样，你就不快乐了。一般人都不能怎么样，只有你能那样，你就快乐了。

除了这“一般人”的概念以外，还有个别的“个人”，也会使你不快乐。

古希腊哲学家苏格拉底，有一天清晨为了一个问题站在院子里沉思默想，到了中午还没想通，到了傍晚还没想通，到了半夜也还没想通。一直到第二天的清晨，他“悟”出道理来了，才唱着颂神歌，回到屋里去。我们可以想象得到，他当时心里一定很快乐，因为抽象的思维，确实也是一种乐趣。

不过，如果苏格拉底正要回屋里去的时候，忽然遇到一个邻居，假定那邻居的名字叫做“维尼齐洛斯”。“维尼齐洛斯”说：“你到底是人是鬼？你看你脸色铁青，眼睛睁得那么大，胡子也不刮！灰头土面的，是个晦气星。一大早出门偏遇到你，真是倒霉。”往地上吐了一口痰，又说：“呸！”

情形如果真是那样，我想，苏格拉底的快乐就要消失，甚至还会因为“虚火上升”，跟“维尼齐洛斯”吵一架，或者心中悲哀，抬手摸摸自己的脸说：“我真的那么丑吗？我的面容真是那么难看吗？难道我一日一夜的思考，不但不能使我脸上发出‘智者的光辉’，反倒使我的样子像个厉鬼吗？”

如果他不碰到“维尼齐洛斯”，他的快乐也许可以维持得长久些；碰到“维尼齐洛斯”，他的快乐就消失了。

快乐本来是一件简单的事情，快乐本来是“自己”的事情，只要我们能不遇到“使我们不快乐的人”，只要我们能一个人过自己的生活。可惜的是，“不遇到使我们不快乐的人”是不可能的，一个人过自己的生活也是不可能的。

一个不快乐的人常常会说：“我本来是高高兴兴的，但是偏偏遇到这么个人……”可见快乐也不是一件简单的事情。

圣经上说，亚当有夏娃做伴儿，日子就过得很快乐。事情不一定那么简单。亚当出去打猎，追一只野兔，追得精疲力竭。回家的时候，他想：“我只要好好儿地躺着睡一觉，消除疲劳以后，又可以跟夏娃说说笑笑，过我们快乐的家庭生活了。”

可是一回到家里，夏娃说话了：“我一个人整天守在山洞里，闷得很。我不管，你得陪我去游泳。我最喜欢在夕阳无限好的时刻游泳。”

亚当累得要命，很想大睡一场，但是他知道，如果他说：“不行，我要先休息休息。今天不游泳。”夏娃一定会哭。

他只好苦撑着，陪夏娃走了好几“古里”的路，来到“幼发拉底”河或者“底格里斯”河。夏娃扑通一声跳下水，快乐地笑着。亚当因为不能得到适当的休息，忽然脾气暴躁起来，脸色变得很难看。

后来的发展，是我们想象得到的。亚当不快乐了，夏娃也不快乐了。

如果有一个住在深山里的隐士告诉你，说他是很快乐的，你勉强可以相信，因为那是有“可能”的。如果他又告诉你，另外还有一个人跟他住在一起，像伯夷、叔齐一样，那么，你就不能完全相信。这要看他们两个人是不是都有很高的智慧。

每一个人都相信自己本来很快乐，可是后来偏偏遇到一个“不合适的人”，才使他“不快乐”起来。这种想法，大致正确。不过我们要留意的是，这个热热闹闹的人间并不是以你一个人做主体，你自己也很可能是别人所埋怨的那个“不合适的人”，你自己也很可能就是使别人不快乐的“原因”。

我们都相信，一个人只要奋发向上，自强不息，有最充实的精神生活，就可以得到快乐。这并不是一定的。如果你每次上街都遇到“不合适的人”的话，情形就要完全改观。

既然快乐或者不快乐都跟“人”有关，那么一个人快乐的根源，也就在“跟人有关”的那个地方了。那就是“宽恕”、“谅解”、“同情”、“容忍”跟“仁爱”。一个正直、光明、奋发向上、自强不息，最有“可能”获得快乐的人，如果不懂宽恕、谅解、同情、容忍跟仁爱，照样会很不快乐。

苏格拉底“悟道”进屋的时候，假定他真的遇到了那样一个“令人不快乐的邻居”，他的宽恕的美德，必定会使他很愉快地想：“好邻居啊，我已经有24小时站在院子里没睡觉了。我的形容当然会很难看，样子当然会像个鬼。你看到我就心里厌恶，这实在不能怪你。可是我忽然想出一个可爱的道理来，心里的快乐真是言语所没法子表达的。好邻居啊，可惜你不懂啊！等我回去大睡一场，晚上你卖完菜回来，再好好儿地说给你听吧！”

我相信苏格拉底绝对不会因为邻居说他像个鬼就不快乐的。他是一个智慧很高的哲人。

宽恕、谅解、同情、容忍、仁爱，才是真正快乐的根源。

一个快乐的家庭所以能那么快乐，并不仗着家里每一个人都有很高的成就，都有很健康的身体，都有很“丰厚”的收入。

快乐的家庭里，尽管每个人都有这样那样的缺点，但是因为大家能互相宽恕，互相谅解，互相同情，互相容忍，互相敬爱，所以自然使人觉得温暖快乐。

这也就是“快乐的人”的秘密。

快乐不能骗自己

导读

快乐虽然只是人的一种感觉，快乐与否在于人的言说，但快乐是真实的和现实的，而不是一种语言的幻象；快乐是现在的感觉，而不是未来的图景。然而，有些在生活中失意的人，因为在现实中找不到幸福快乐的感觉转而求助于宗教幻想，相信在虚构的天堂里可以找到自己的快乐。马克思主义经典作家就曾经这样分析过，膜拜者因为对现实感到寒心，得不到温暖，所以就希望见到虚幻的太阳；因为生活中难解忧愁，所以就希望借美酒尽情发泄；因为生活中有太多的痛苦，所以就希望被药物麻醉。然而，厌恶、诅咒和逃避现实同时也意味着失去了在平凡的生活中发现快乐和体验快乐的能力。

人是唯一在生前就知道自己以死亡为结局并为此而恐惧的动物，于是，“天堂”乃是人因为怕死而幻想出来的世界，正所谓“恐惧创造神”。事实上，正是人创造出神，而不是神造人。“天堂”是现实世界在人心理上颠倒了的反映。显然，如果谁有永生的愿望，那么，谁就不能尽情地领略这尘世的乐趣。这说明信念对情绪体验具有深刻的影响。如果你想要快乐，所要做的仅仅是放弃一个不切实际的有关“长生不老”的固执观念而已。从某种意义上说，快乐是世界观和人生观的“儿子”。

马克思说过：“要废除作为人民的虚幻幸福的宗教，就是要求人民的现实的幸福，要求抛弃关于人民处境的幻觉，就是要求抛弃那需要幻觉的处境。”然而，现实的幸福和处境与人的认知和信仰有极大的关系。如果谁认为尘世乃是唯一的天堂，那么他就必将更尽力地把这个世界造成天堂，并享受在这个天堂里的快乐。幸福并不是抽象的东西，它就存在于尘世之中。读书、上班、结婚、生儿育女、娱乐、运动、旅游、一日三餐……这就是尘世天堂的全部幸福！古人云：衣食有余，家给人足，父慈子孝，兄良弟顺，夫妻和睦就是幸福，就是家有真佛，这些胜于任何修身养性之功夫。幸福就在身边，就看你能不能发现；幸福的获得需要从家庭做起，就看行动不行动。

阅读材料

尘世乃唯一的天堂

◎林语堂

我们的生命是会死的生命，这种觉悟使深爱人生的感觉添上了悲哀的，诗意的情调。这种不免一死的悲感反使中国学者更热切更深刻地领略人生的乐趣：这是很奇怪的。因为如果我们所有的只是这个尘世的人生，那么我们必须趁人生还未逝的时候，更尽情地享受它。如果我们有种永生的渺茫希望，我们便不能尽情领略这尘世生活的乐趣。克特爵士（Sir Arthur Keith）说过一句话，颇能表现中国人的情感：“如果人们的信念和我一样，认为这尘世是唯一的天堂，那么他们必将更尽力把这个世界造成天堂。”苏东坡说“事如春梦了无痕”，惟其这样，所以他会那么深刻那么坚决地爱上人生。我们在中国文学作品中，常常发现这种

"人生不再"的感觉。中国的诗人和学者常常在欢娱宴乐的时候，给这种"人生不再"，"生命易逝"的感觉所侵袭，被这种悲哀的情调所侵袭，在花前月下，常有"花不常好，月不常圆"的悲伤。李白在《春夜宴桃李园序》一赋里，曾写了两句名言："浮生若梦；为欢几何？"王羲之和他的一些朋友欢宴的时候，写了《兰亭集序》这一篇不朽的文章，最能表达这种"人生不再"的感觉。

永和九年，岁在癸丑，暮春之初，会于会稽出阴之兰亭，修禊事也。

众贤毕至，少长咸集。此地有崇山峻岭，茂林修竹；又有清流激湍，映带左右。引以为流觞曲水，列坐其次；虽无丝竹管弦之盛，一觞一咏，亦足以畅叙幽情。是日也，天朗气清，惠风和畅。仰观宇宙之大，俯察品类之盛，所以游目骋怀，足以极视听之娱，信可乐也。

夫人之相与，俯仰一世，或取诸怀抱，晤言一室之内，或因寄所托，放浪形骸之外。虽取舍万殊，静躁不同，当其欣于所遇，暂得于己，快然自足，曾不知老之将至。及其所之既倦，情随事迁，感慨系之矣。向之所欣，俯仰之间，已为陈迹，犹不能不以之兴怀。况修短随化，终期于尽。古人云："死生亦大矣。"岂不痛哉！

每览昔人兴感之由，若合一契，未尝不临之嗟悼，不能喻之于怀。固知一死生为虚诞，齐彭殇为妄作！后之视今，亦犹今之视昔，悲夫！故列叙时人，录其所述，虽世殊事异，所以兴怀，其致一也。后之览者，亦将有感于斯文！

我们相信人不免一死，相信生命终究会像烛光那样地熄灭了：我以为这种信念，这种感觉，是很好的。它使我们清醒；它使我们有点悲哀；它也使我们当中许多人感到一种诗意。可是还有一点最为重要：它使我们能够立下决心，设法去过着一种合理的，真实的生活，始终感觉到我们自己的缺点。它也使我们获得平安，因为一个人预备接受最恶劣的遭遇，心中才能够获得真平安。我想这由心理学的立场上说来，乃是一种发泄身上储力的程序。

中国的诗人与平民在享受人生的乐趣时，下意识里始终有一种欢乐不能持久的感觉，像中国人在欢聚完毕的时候常常说："千里凉棚，没有不散的日子。"人生的盛宴乃是尼布申尼撒(Nebucbadnezzar——古代巴比伦王，以强猛，骄傲，奢侈著名)的盛宴。这个浮生若梦的感觉使不信仰宗教的人有一种神灵的意识。他看人生，像宋代山水画家看山景一样，是给一层神秘的薄雾包围着的。有时空气中是含着潮湿的水分的。

我们把永生的观念排除了之后，生活的问题便变成一个简单的问题了。问题是这样的：我们人类在世界上的寿命是有限的，很少超过七十年，因此我们必须调整我们的生活，使我们在已定的环境之下，尽量过着最快乐的生活。这种观念是儒家的观念。这种观念含着很浓厚的现世的气息，属于尘世的气息；人类随着一种固执的常识去工作，其精神乃是山达雅拿所称的"动物的信念"，把人生当作人生来看。我们根据这种动物的信念，对我们和动物的根本关系，可以作一个明慧的猜测，不必靠达尔文的帮助。所以，这种动物的信念使我们依恋着人生——本能的人生和感官的人生——因为我们相信：我们大家既然是动物，那么，我们只有在我们正常的本能获得正常的满足时，才能够获得真正的快乐。这是包括生活各方面的享受的。

这么说来，我们是唯物主义吗？中国人是几乎不知道回答这个问题的。因为中国人的精神哲理是建筑在物质的，属于尘世的人生上面，他是看不出精神和肉体的分别的。他无疑地爱物质上的享受，可是物质上的享受却是属于感官方面的。人类只有靠智慧才能看清精神和肉体的分别，而我们在前面已经说过，我们的感官便是精神和肉体的必经之道。音乐无疑地是我们各种艺术中最属于心灵的艺术，能够把人们举高到精神的境界里去，可是音乐是基于听觉的，吃东西辨滋味的享受为什么比交响乐更不属于心灵呢？这是中国人所不明白的。我们只是在这种实际的意义上，对我们所爱的女人才能够有正确的感觉。我们要分别一个女人的灵魂和肉体是不可能的。因为如果我们爱一个女人，我们并不是爱她的几何线条所造成的外表，而是她的举止，她的仪态，她的眼波和她的微笑。可是一个女人的眼波和微笑是属于肉体或精神方面的呢？恐怕没有人能说得出吧。

这种现实人生和精神人生的感觉，是得到中国人文主义的助力的，老实说，它是得到中国人全部思想方法和生活方法的助力的。简括地讲起来，中国的哲学可说是注重人生的知识，而不注重真理的知识的。中国哲学家把一切抽象的推理完全撇在一边，认为这些东西和生活的问题不生关系，认为这些东西是我们的理智所产生的浅薄感想；他们把握住人生，仅提出一个万世不易的问题："我们要怎样生活？"西洋的哲学在中国人的心目中是很无聊的。西洋的哲学以理论或逻辑为主点，注重获得知识的方法，以认识论为主点，提出知识的可能性的问题，可是却忘记得去探讨关于生活本身的知识。那是很愚蠢，很琐碎的事，像一个人恋爱求婚，而没有结婚生子，又像天天在操练的军队不开到战场上去。德国的哲学家是最无谓的东西：他们把真理当作爱人那样地追求着，可是不想和她结婚。

阅读材料

买菜乐

◎姚成友

人生有数不清的乐趣，在我，以买菜为乐。

徜徉于偌大的肉菜市场，看白菜嫩翠，黄瓜鲜绿，西红柿红若火焰，大莲藕长似玉臂，葱苗蒜瓣，杂陈斑驳之巷，黄鸡白鹅，引颈烦嚣之市。万紫千红，目不暇接，眼花缭乱之乐也。

东站站，西走走，南瞧瞧，北望望，由我品头评足，挑肥拣瘦；任我说东道西，论斤计两，无须谨言慎行，不必字斟句酌。无拘无束，自由自在之乐也。

你要八角，我还五角。讲来讲去，以六角五分成交，互相微笑而别。有时为了一角一分，争得面红耳赤、口沫横飞，何必为了区区小利浪费口舌？答曰：意不在蝇头微利，而在讨价还价之乐也。

听这里高谈国事，京城又是繁华如昨；听那边逼儿女婚嫁，乡间依旧花轿来去。摊前档边，谈物价，议党风，传某演员如何大发其财，怒某干部如何仗势欺人。如此等等，不用买票，不必费力，听里巷牢骚，市井妙语，窥人间真情之乐也。

买菜回来，即行下厨点火升烟，或小炒，或清蒸，或油煎，或特作麻辣豆腐一盘，酱拌黄瓜一碟，鸡蛋鱿鱼汤一碗。买喜爱之菜，作喜爱之味，合家一桌，你品我尝，津津有味之乐也。

有此数乐，等同于是一番难得的享受。因此，每逢节日假日，我都争着上街买菜。妻子女儿笑说，世上有上千种兴趣万种嗜好，很少有像我这样以买菜为乐的。我说，人各有其乐，我买菜之乐，可也是有些来历的哟！

从前，我经历过那么多贫乏的日子，怎么能不以今天的丰盛繁荣为乐呢；

从前，我经历过那么多单调的日子，怎么能不以今天的斑斓蓬勃为乐呢；

从前，我经历过那么多憋闷的日子，怎么能不以今天的舒心畅怀为乐呢；

从前，我经历过那么多拘束的日子，怎么能不以今天的自由自在为乐呢；

从前，我经历过那么多苦涩的日子，怎么能不以今天的津津有味为乐呢！

一番话说得妻子女儿点头称许，若有所思。为此我忙拉灯铺纸，记下这买菜之乐，以愿天下买菜之人都有此乐也。

发掘你的快乐之泉

导 读

快乐体验的背后有哲学观的支撑。儒家的悦乐、道家的悦乐和佛家的悦乐不同，说明人的快乐并不是动物式的肉体感受，而是一种与人生观、价值观相关的精神状况。快乐的来源、快乐的原因并非天下同一，快乐因民族不同，因人而异。从快乐的传统与教育来看，中国人的快乐必定与中国传统文化有关。一个遵循中国传统文化的中老年人与一个追求西方文化的“酷毙”青年所体验的快乐肯定是不一样的。因此，我们可以从一个人所信仰的文化类型来推测他的快乐类型，以及哪些事物和境界可以引发他的快乐。

你不快乐的原因全在于对自性的无知。儒家的快乐是实现自我的快乐，道家是超脱自我的快乐，佛家是发现自我的快乐。由此可见，整个文化史就是主体发现自我的过程。你不妨对照一下自己，看看你更赞同儒、道、佛（禅）的哪一种快乐观。有人可能说：我什么信仰都没有。其实，那恰恰是最大的信仰！因为你的信仰就是：什么都不信。正因如此，你的快乐是无根的，随波逐流的。

要快乐，就必须返璞归真，认识自我，明心见性。解剖一下自己，找回自己的善根，抛弃一切执念。庄子说得好，“至乐无乐”，这就是说至高境界的快乐是不拘泥于某事某物的。不要执着于某事某物，就无所不乐。

有些神经症患者总是以为自己不快乐只是因为陷在某个具体的困境之中。殊不知即使解决了这个具体的心理困惑，自己也未必就能快乐起来。因为困境的形成与自己的生活方式和快乐的观点密切相关，如果回避具体问题背后的人生观等问题，新的困境很快又会形成。神经症患者经常向心理医生一次又一次地叙述自己过去的“病史”，生怕医生漏听一字一句，生怕医生没有充分了解自己的病情，总是纠缠于那些曾经伤心的具体问题。他们总是回避对这些问题背后的心理根源做出探讨，不愿承认自己自性的遮蔽和悟性的迟钝。

快乐的根源在心，“胸中无滞是神仙”。自如的心境如海阔天空。不要责怪他人和境遇，只需发掘自己内心快乐的源泉，幸福生活将如那常流的清泉。

阅读材料

中国哲学之悦乐精神

◎吴经熊

中国哲学有三大主流，就是儒家、道家和释家。而释家尤以禅宗为最重要。这三大主流，全都洋溢着悦乐的精神。虽然其所乐各有不同，可是他们一贯的精神，却不外“悦乐”两字。一般说来，儒家的悦乐导源于好学、行仁和人群的和谐；道家的悦乐在于逍遥自在、无拘无碍、心灵的和谐，乃至于由忘我而找到真我；禅宗的悦乐则寄托在明心见性，求得本来面目而达到入世、出世的和谐。由此可见，和谐实在是儒家、道家和禅宗三家悦乐精神的核心。和谐原是音乐的用语，有和谐就有悦乐。礼记乐记说："乐者，乐也。"也就是这个意思。我想，天下之至乐，莫过于研究三家不同的悦乐方式，并将它们熔为一炉而合成一个大和谐。

一、儒家的悦乐

《论语》一开头便洋溢着悦乐的气氛，而谱出孔子人生哲学的全音程：

子曰："学而时习之，不亦说乎？有朋自远方来，不亦乐乎？人不知而不愠，不亦君子乎？"

从这句话里，我们可以体会到读书的乐趣、友谊的乐趣以及修养自己的人格而不求人知的乐趣。孔子曾经形容他自己说："其为人也，发愤忘食，乐以忘忧，不知老之将至。"这就是夫子内心悦乐的真情流露。

孔门弟子中，孔子最喜爱颜回。他曾经赞美颜回说："贤哉，回也！一箪食，一瓢饮，在陋巷，人不堪其忧，回也不改其乐。贤哉，回也！"（《雍也》）这显示孔子所最欣赏的是内得于心而非外取于物的悦乐境界。实际上孔子曾经自述其志说："饭疏食、饮水，曲肱而枕之，乐亦在其中矣！不义而富且贵，于我如浮云。"（《述而》）

孟子乃是阐述孔子学说最有力的人物。从孟子的著作中，我们可以窥见儒家悦乐精神的根源。孟子对于悦乐哲学最大的贡献，就在于他的人性本善的学说。因为人性是天生就善的，所以人之可贵在于内不在于外。人性是天所赋予的，里头就有仁义理智的根苗。我们只要把这个根苗好好地培植，使它发达到极点，我们的人格也就完成了；这样，我们就有了至可宝贵的天爵。孟子说："君子所性，虽大行不加焉，虽穷居不损焉，分定故也。君子所性，仁义理智根于心，其生色也：晬然见于面，盎于背，施于四体，四体不言而喻。"（《尽心上》）孟子又说："万物皆备于我矣！反身而诚，乐莫大焉！"（《尽心上》）人性固然是天赋予的，而宇宙也是天所创造的，二者既然是从同一个源头发出来的，所以它们之间，非但没有阻隔，而且是一气贯通的。我们如能充分发展我们所禀的天赋，一定可以达到"天人合一"和"心物合一"的境界，也就可以事天了。从这里我们看出，孔子的人文主义，是具有形而上和宗教基础的。

儒家人文主义最美的地方，在于它既热情而又豁达，凡是人们所关心的事物，它没有不关心的；而凡是人类所有不正常的感觉与情欲，它一概不予摒弃。儒家寻求人伦的和谐，当其形诸诗歌，同情心的温馨四溢，使人感到莫大的兴奋。孔子最喜欢诵读《诗经》，因为里头有上乘的爱情诗，例如《风雨》就是一篇叙述夫妇久别重逢的欢欣之爱情诗：

风雨凄凄，鸡鸣喈喈，既见君子，云胡不夷？
风雨潇潇，鸡鸣胶胶，既见君子，云胡不瘳？
风雨如晦，鸡鸣不已，既见君子，云胡不喜？

我觉得这首可爱的诗歌，不但表达了真切的爱情，而且无意中也道出了崇高的人生哲学。因为恋爱中的情人，尽管处在逆境里，内心仍然是快乐的。中国俗语说得好，"夫妻恩爱，讨饭应该"。我要再引一首求爱的诗，来供诸位欣赏：

投我以木瓜，报之以琼琚；匪报也，永以为好也。

投我以木桃，报之以琼瑶；匪报也，永以为好也。
投我以木李，报之以琼玖；匪报也，永以为好也。

这首诗（《木瓜》），同样给我一种美的理想。爱情是不能用物质来报答的，只能以爱换爱。物质上的馈赠，只是一种象征罢了。

整个说来，儒家所关心的是倾向于伦理和实际的生活，而其悦乐的根源，在于做人的踏实尽职，这可从孔子的高徒曾参的名言看出来："吾日三省吾身，为人谋，不忠乎？与人友，不信乎？传不习乎？"

曾参的天赋并不高，可是他努力遵行孔子的教训，而成为公认的孔门传人。他临终时召集门人说："启予足，启予手。诗云：'战战兢兢，如临深渊，如履薄冰。'而今而后，吾知免夫。小子！"诸位可以体会出曾子当时一刹那间所感觉到的真乐。

孔子常说"参也鲁"。可是由于具有坚韧不拔的精神，曾子在生命将近完结时却表现出他平生的修养工夫。他那像泰山岩岩的人格，也的确有其独到的沉雄与壮美，使我不禁想起基督门徒中的圣彼德来。

颜回死在孔子之前，确实是太可惜了。从孔子及别人的谈话中，我们了解他深深体会了智慧的乐趣。在他身上，智慧乃是道德行为的活泉。颜回伟大的地方，可以从曾参对他的回忆看出来："以能问于不能，以多问于寡，有若无，实若虚，犯而不校，昔者，吾友尝从事于斯矣。"我们从颜回的本性中，似乎看到儒家忠于道德生活与道家爱好沉思冥想的融和。

儒家最高的境界为对人一视同仁，即是具有"以天下为一家，中国为一人"的胸襟，自然而然达到己立立人、己达达人的理想，这才是人生的至乐。因为这个时候，人我已无樊篱之隔，胸怀坦荡，已经达到了"人之有技，若己有人；人之彦圣，其心好之"的境界了。这和下引歌德的诗句相通：

如能珍视他人优点，
如自己之优点，
以人之乐为己之乐，
才是世上最快乐的人。

这也就是圣保禄所说的“人乐亦乐，人泣亦泣”的境界。在这里，可能有一个问题，“人乐亦乐”固然可以说是一大乐事。至于“人泣亦泣”，难道也可以说是乐事吗？对于这个问题的答案，王阳明先生说得最为透彻。有一次有个学生问阳明先生说：“乐是心之本体，不知遇大故于哀哭时，此乐还在否？”他的回答是最有意义的了。他说：“须是大哭一番方乐；不哭，便不乐矣。虽哭，此心安处，都是乐也，本体未尝有动。”（《传习录卷下》）从这一点看来，显然儒家的悦乐精神，来自认真做该做的事以及分担别人的忧苦。

二、道家的悦乐

道家的视野，甚至比儒家来得更辽阔，如果说儒家将人类看作一家，那么道家就是把整个宇宙视为一体了。如果说儒家从人际关系的和谐中发现快乐，那么道家就是从人与大自然的和谐中找到快乐了。由于道家都是神秘主义者，因此很难介绍其微妙的见地以及追寻其可望而不可即、正言若反的论调。也许庄子这位老子以后最伟大的道家下面一句话，最足表达道家境界的精蕴：“天地与我并生，万物与我合一。”这个基本的卓见，乃是打开一切冥想宝库的钥匙。这些冥想都是耐人寻味的，也可以说是道家乐趣的源头。

我已经告诉过诸位，孔子说过“不义而富且贵，于我如浮云”的话。道家似乎更进一步，一切富贵，不管以其道或不以其道得之，一概视如敝屣。就如庄子说，有道之人，“藏金于山，藏珠于渊；不利货财，不近富贵；不乐寿，不哀夭；不荣通，不丑穷；不拘一世之利以为己私分，不以王天下为己处显。显则明。万物一府，死生同状。”（《天地》）

道家所持观点，颇像莎翁在《哈姆雷特》一剧中借哈姆雷特之口论评何瑞修（Horatio）那样：

……因为你这人能够在含辛茹苦之际，泰然自若；无论来了命运的打击或奖励，你是同样的欣然接受；理性与感情调剂得这样匀称，不是命运之神的手指所能任意吹弄的笙簧，这样的人真是幸福啊。给我一个不做感情的奴隶的人，我便把他藏在心里，不，在心窝里，像我对你这样。（《哈姆雷特》第三幕，第二景，引用梁实秋先生译文）

像何瑞修这样的人物，就是老子心中所最欣赏的，因为他也能将祸福一体看待。老子说：

善者吾善之，
不善者吾亦善之，
德善也；
信者吾信之，
不信者吾亦信之，
德信也。（《老子》第四十九章）

老子同莎翁一样，都体会出人生正反两面相通之处。因此他又说：“祸兮福之所倚，福兮祸之所伏。”（《老子》第八十五章）这和莎翁所见，真是如出一辙：“人生是杂色毛线织成的布，善与恶编织在一起。”（《皆大欢喜》第四幕，第三景）由于一切事物倾向“反面进行”，因此运气来时不必高兴，倒运时也不必忧虑。这就是道家顺乎自然、无入而不自得的乐趣。庄子说：“古之得道者，穷亦乐，通亦乐，所乐非穷通也。”（《让王》）

如果了解“万物一府”的道理，那么，自然的宝藏、日月星辰全都属于你，整个宇宙也都属于你，这全在你一念之间。道家的教训，可以归结为几句似非而是的话，就像基督教神秘主义者十字圣若望所说：“不想占有，无所不有；没有物欲，事事满足。”圣若望并没有读过道家的文献，可是所有神秘主义者所想所说全都一样，却是真理。

道家的乐趣，就是超然、天马行空之乐。如果说儒家的乐是充实之乐，那么道家的乐便是空灵之乐。前者之乐，来自努力与行动；后者之乐，则来自无为与恬淡。前者属于人群的，后者则属于宇宙的。前者像冬天里温暖的阳光，后者则像炎夏里凉爽的阵雨。

道家思想，可以说是最适于艺术家和诗人的气质，大部分中国诗人，都从它汲取到创作的灵感。

李白可说是此中翘楚，下面一首诗可为明证：

处世若大梦，胡为劳其生。
所以终日醉，颓然卧前楹。
觉来盼庭前，一鸟花间鸣。
借问此何时，春风语流莺。
感之欲叹息，对酒还自倾。
浩歌待明月，曲尽已忘情。《春日醉起言志》

李白就像波斯诗人奥玛·凯耶姆（Omar Khayyam）一样，利用哲学和酒来冲淡人生的烦恼，而归本于自然。以下另一首可爱的小诗，描绘他与友人共度一个美丽的黄昏：

涤荡千古愁，留连百壶饮。
良宵宜清谈，浩月未能寝。
醉来卧空山，天地即衾枕。《友人会宿》

道家另一动人的地方，是了解处愚的重要性。老子曾经把他自己形容得很有趣：

众人皆有余，而我独若遗。
我愚人之心也哉！沌沌兮！
众人昭昭，我独若昏。
众人察察，我独闷闷。
澹兮其若海，飂兮若无止。
众人皆有以，而我独顽似鄙。
我独异于人，而贵食母。（《老子》第二十章）

这种幽默的心境，只有辛弃疾下面一首诗，最能描绘，表达它的神韵来：

老病那堪岁月侵，霎时光景值千金。
一生不负溪山债，百药难医书史淫。
随巧拙，任浮沉；人无同处面如心。
不妨旧事从头记，要写行藏入笑林。（《鹧鸪天·不寐》）

以下再引一诗，以见道家万物一体之一端：

岁去换愁年，春来物色鲜。
山花笑渌水，岩岫舞青烟。
蜂蝶自云乐，禽鱼更可怜。
朋游情未已，彻晓不能眠。（《对寒山子诗》）

这是寒山的诗，他虽然是释家，其诗却有道家的风味。其实，道与禅是互相启发的。

说到道家在自然怀抱中找到乐趣，我必须指出他们对自然的观念，远非是纯自然主义者的。对于道家来说，自然的源头，就是“天”与“道”。庄子说：“与人和者，谓之人乐；与天和者，谓之天乐。”（《天道》）精确地说，因为庄子与天谐和，乃能洞彻自然的奥秘。从《庄子》最后的一章，也许是他的一个学生所执笔的，我们清楚地看到庄子的一派宗教风范：“独与天地精神往来，而不敖倪于万物。不谴是非，以与世俗处。”“上与造物者游，而下与外死生、无终始者为友。”

可是庄子如何超脱生死呢？他把生看作大梦，把死看作大醒。他说：“方其梦也，不知其梦也。梦之中，又占其梦焉，觉而后知其梦也。且有大觉，而后知此其大梦也，而愚者自以为觉，窃窃然知之。‘君乎！牧乎！’固哉！丘也与女皆梦也，予谓女梦亦梦也。”（《齐物论》）

庄子并非是个做梦的人，毋宁说他比谁都清醒，因此他能够从现实的人生中看出更深一层的真实。说“人生如梦”和“人生似幻”是绝不相同的。在庄子看来，即使是梦，也有几分真实，只不过不像清醒时那么真切而已。可是与我们的大觉一比较，清醒的人生也就变成大梦了。下面所引庄子做过一个有趣的梦的故事，是最好的说明。

昔者庄周梦为蝴蝶，栩栩然蝴蝶也。自喻适志与！不知周也。俄然觉，则蘧蘧然周也。不知周之梦为蝴蝶与？蝴蝶之梦为周与？周与蝴蝶则必有分矣。此之谓物化。

庄子以为，只有在大醒时我们才懂得真实的人生。由于他全副精神贯注于大醒的境界中，因此临易箦时对于遗体埋葬的问题毫不在乎。听到学生们要为他举行盛大的葬礼，就对他们说："吾以天地为棺椁，以日月为连璧，星辰为珠玑，万物为赍送，吾葬具岂不备邪？何以加此！"弟子曰："吾恐乌鸢之食夫子也。"庄子曰："在上为乌鸢食，在下为蝼蚁食，夺彼与此，何其偏也。"（《列御寇》）庄子死时就同他生时一样，自由自在，无拘无束。

总而言之，每个人心中都具有儒家和道家的气质，只是成分上深浅不同而已。不过要成为一个完全的人格，必须把两者调和得恰到好处，才能达到圆融的境界。爱默生在他的日记上说："在我们看山不是山的时候，这证明我们内心是达到很高的境界。可是当我们为正义、仁爱而奋斗时，一切事物又显得平平实实了。"在这里他暗示"超脱"与"现实"必须兼而有之，也就是道家与儒家的融和。

回教神秘主义派诗人沙地（Sadi）有句话说：

虔诚敬神的人
听到水车声响也会出神。

多动人的诗句！可是在热闹的街上我们可得当心，千万别沉醉出神才好。圣保禄在写哥林多后书时似乎表现出融和道家、儒家学说的意味："盖吾人之醉，为天主也；而吾人之醒，为尔曹也。"（《哥林书》第五章，第十三节）由于上帝的恩典和他自己的天才，圣保禄业已超越一切，也拥有一切。他的"使我无爱德，而徒能操万国之音，作天神之语，则犹鸣锣击钹而已矣”的话，使我想起孔子相类的说法：“人而不仁，如礼何？人而不仁，如乐何？”圣保禄也使我想到道家的超然与天马行空。请看他写给菲律宾人的书信：“望尔等常能怡然自乐于主之怀中；予且重复言之，尔固宜常怡然其乐。……盖就予一己言之，实已修得随遇而安、知足常乐之境。穷约之味，予固知之；宽裕之味，予亦知之：一切境遇，予已窥其堂奥，测其深浅，处物何有于我哉。故温饱可也，冻饿亦可也；有余可也，不足亦未始不可也。总之，予恃全能之主，故能应付万变，游刃有余耳！”（《菲律宾人》第四章，第四节，页十一—十三，译文引用吴经熊先生译《新经全集》）

三、禅宗的悦乐

佛教过去被西方认为是悲观的和虚无论者的人生哲学。对于小乘而言，也许不错；可是大乘绝非如此，因为它有涅槃的积极观念、救世的热情以及普度众生的慈悲。佛教的乐，除基督教外，是无可比拟的。这种菩萨的乐，是从施乐于众生而来的。自己开悟以后，他们都亟愿普渡世人。他们的精神气度，与圣·佛兰西斯（St. Francis）极为接近。他曾经祷告说：

主呀，把我做成您和平的工具；
在有憎恨的地方，让我播下爱意；
在有愤怒的地方，让我播下宽恕；
在有怀疑的地方，让我播下信心；
在有失望的地方，让我播下希望；
在有黑暗的地方，让我播下光明。

当然，禅宗是在大乘的冲击下形成的，并且因而承袭了它宽宏大度的气象。不过，就其教训的内容与思维的模式而言，则纯粹是中国的，因为它煞费苦心地熔冶道家的空灵与儒家的人道于一炉。心理学家荣格博士（Dr. C. G. Jung）说得好："禅是中国人的精神花朵，它在广大的佛教思想中孕育而成。"

就某种意义来说，禅是对佛教的一种大革命。传统佛学教训它的信徒皈依佛、法、僧三宝，而中国禅的始祖慧能却叫人皈依觉、正、净三宝。事实上，这是一种自信的训练。我们可以把它的教训概述如下："内调心性，外敬他人，是自皈依也。"当然，最重要的，在于能见性开悟。

因此，禅宗的乐趣，在于自己开悟并和觉悟他人。可是，这种开悟却如电光火石般，悄然而至。也许可用冥思与修道来获致，可是这不过是酝酿开悟的过程而已；我们是没法子逼迫它和期望它的，因为它飘忽如风，极难把握；它会像窃贼般偷偷地光顾，绝不会像客人那样应邀准时而至。不过你一抓住这个窃贼，便发觉他是捉弄你的好友了。

这种飘忽不定、模糊不清的要素，就是顿悟的特质。梅花尼有一首小诗，最能表达出它的意境：

终日寻春不见春，芒鞋踏破岭头云。
归来笑捻梅花嗅，春在枝头已十分。

这表示真悟只在家中就可获致，可是，不离开家，你就无法体会到家的温暖。就这方面来讲，庄子的逍遥游也许就是归家与找到真我的过程。老子说："大曰逝，逝曰远，远曰反。"当你从月亮回看地球，你才知道地球确是天体的一部。所以旅行月球最大的用处，在于激起你归家的愿望。同样，庄子的逍遥游也会激起彻悟自性的人归家的渴望，这就是慧能所说的"自性能含万法是大”。慧能并进一步说：“三世诸佛，十二部经，在人性中本自具有。”这种伟大的思想，显然是孟子人性哲学的发挥。宋儒陆象山说过：“学苟知本，六经皆我注脚。”显然他受到禅宗的影响。

宋朝禅师清远认为学禅有二病，亟应避免：一是骑驴觅驴，一是骑驴不肯下。骑驴觅驴的弊端易见，当你的内心追逐外物时，必定置内在于不顾，因而所求徒劳无功。天国原在你的心中，你竟然一味向外寻求，世上多少烦恼事，无非由于这种本末颠倒而致。第二种毛病则比较微妙而难治，现在你不再向外寻求，你自己知道骑在驴背上，你已经深切体会到内心的安宁远比从外物所得的乐趣更为甜蜜。可是最危险的是由于你过分迷恋它，反而会完全失去它，这就是清远禅师所说的“骑驴不肯下”，也是一切宗教冥思者的通病。已故的默灯神甫（Thomas Merton）在《冥思的种子》（*Seeds of Contem-plation*）一书中曾经指出同样的陷阱，并提出忠告说：

在严密保护下牢不可破的内心宁谧中，存在着一种无穷兴味的纯朴。不过，你如果想把握住它，便芳香全失了。因此，你不可想伸手去把它整个抓住。也就是说，你不可触摸它或是想占有它。

你不能有所求，也不能有所需，更不能有所取；你一想到占有，便会失去你的乐园。

换句话说：快乐只是发现真我时意外的收获，可是如果我们过分迷恋它的话，我们就会再度失去自我。因此，清远最后劝我们：“不要骑驴，因为你自己就是驴，整个世界也是驴，你无法骑它的；要是你不想骑它，全世界才会任由你驰骋。”

现在我们来谈一些开悟的实例。马祖道一（709—788）未开悟以前曾在一所寺庙附近的一间小庵学坐禅，其时该寺（南岳般若寺）的住持为怀让（677—744），看出马祖是个可造的法器(a vessel of the Dharma)，便去问马祖说："你学坐禅，为的是什么？"马祖回答："要成佛。"于是怀让便拿了一块砖头在马祖的庵前磨，过了一会儿，马祖不禁好奇地问："请问你磨砖作什么？"怀让回答："磨砖作镜呀！"马祖不禁诧异地说："砖怎能磨成镜呢？"怀让反驳说："砖不能磨成镜，坐禅又怎能成佛呢？"马祖便问："要怎样才能成佛？"怀让说："道理就像牛拉车。要是车子停了，请问你是打车子还是打牛呢？"马祖被问得哑口无言。于是怀让接着说："你是学坐禅呢，还是学坐佛？如果学坐禅，禅并不在于坐卧；如果学坐佛，则佛并无一定的状态。法是无所住的，因此求法不可执着于取舍。坚持坐佛，等于扼杀了佛；而执着于坐相，便永难见到大道。"据说马祖听了这番话，有如饮了醍醐一般。这就是开悟的乐趣。

开悟也就是觉醒。对什么觉醒呢？就是对"自我"的觉醒。这种觉醒，我们可以从马祖接引大珠慧海的话中看出来。大珠第一次见马祖时，马祖问他从哪里来，大珠答以从越州大云寺来。马祖又问："你来这里做什么？"大珠回答："我是来求佛法的。"马祖说："我这里什么都没有，哪有什么佛法可求呢！你自己有宝而不顾，离家这么远做什么？"大珠惘然问道："我有什么宝呢？"马祖回答："现在问我的人就是你的宝。它万事俱足，毫无欠缺，你可随心所欲去运用它，而不会觉得它会枯竭。你何必向外寻求呢？"听了这番话，大珠慧海立即洞见自性。

要之，如果你不知自己有宝而向外寻求，将永远无快乐可言。况且孟子不是也说过："万物皆备于我矣。反身而诚，乐莫大焉！"这种儒家深刻的见地，在禅宗有了具体的发挥。尽管如此，可是接引、启悟后学的干净利落的手法，却是禅宗独有的。

以下是马祖接引另一徒弟名叫无业的手法。无业原来专研律宗、深通道藏。首次见马祖时，马祖看他身材魁梧，声音洪亮，因此印象深刻。便说："外形巍巍堂堂，里面却没有佛。"于是无业敬谨地跪下说："弟子粗研三乘，稍有心得。可是对于禅宗'即心是佛'之说，始终不解。"马祖说："这个不能了解的'心'就是佛，再也没有别的了。"无业仍然未悟，又问了一些无关痛痒的问题。于是马祖说："你这个大德现在还糊涂得很，且先回去，等下再来吧。"无业正要离开，马祖便在他的背后喊道："大德！"无业转过头来，马祖便问："那是什么？"听了这话，无业便恍然大悟。他已经发现自我了。（读者可参阅吴怡先生所译《禅学的黄金时代》）

我们整个生命，就是一部动人的罗曼史，它的目的就在发现自我。即使最基本的道德箴言"万恶莫作，众善奉行，自净本心"，也无非是发现自我的始基。庄子曾经把这种最崇高的人生历程，简括为下面的一段雅驯的文字：

仁义，先生之蘧庐也。止可一宿，不可以久处，觏而多责。古之至人，假道于仁，托宿于义，以游逍遥之虚，食于苟简之田，立于不贷之圃。逍遥，无为也；苟简，易养也；不贷，无出也；古者谓是采真之游也。

我们整个生命的历程，就像从小我到真我的朝圣进香一样，任何风流韵事都没有它那么有意义与动人。因为朝圣的目的地与历程都充满惊喜与刺激，缺少了惊喜与刺激，就没有生命之可言了。这也就是禅师们何以要常引用"不风流处也风流"这句有意义的名诗的原因。

前些年荷姆斯法官（Justice Holmes）来信告诉我要"经得起不如意事的打击"，要学会"下决心化平凡的人生为不平凡"。他的这种观点，与道家和禅宗极为接近，尤以后者为然。禅师们常说“平常心是道”，最平凡的人生就是最奇妙的人生。马祖从前曾经说过：“知色空故，生即不生。若了此意，乃可随时着衣吃饭，长养圣胎。任运过时，更有何事。”马祖的一位俗家弟子庞蕴居士有一首诗最能发挥此义。他说：

日日事无别，惟吾自偶谐。
头头非取舍，处处无张乖。
朱紫谁为号，邱山绝尘埃。
神通并妙用，运水及搬柴。

处辉真寂禅师刚做方丈时，有位和尚问他说：“听说释迦牟尼说法时，地上开出金莲花。今天你就方丈职，有什么祥瑞显现呀？”真寂禅师回答：“我只是扫却门前雪罢了！”

有位刚受剃度的和尚问赵州禅师说：“弟子初到禅林，请求师父指点。”赵州问道：“你吃过粥没有？”“吃过了。”禅师说：“去洗钵盂吧！”听了这番话，这位新剃度的和尚便顿悟了。如此说来，禅似乎比道家要进一步，因为道家多少还在寻求不凡，而禅宗却在最平凡的事物上寻求最不平凡。事实就是“禅”已经将道家的神秘洞察力和儒家的道德直观融成一种生动的综合物。

禅是熔冶“超越”与“内在”于一炉的。它虽然停留在此岸，却热切地祈求到达彼岸。它学到道家的超脱，但百尺竿头更进一步。慧能说得好：“外于相离相，内于空离空。”因此，禅比道家超脱的地方，就在于它能超脱于超脱而回到人间来生活。以下慧能的一首偈子，可说散发着释家美德的芬芳：

心平何劳持戒？行直何用修禅？
恩则亲养父母，义则上下怜怜。
让则尊卑和睦，忍则众恶无喧。

若能钻木取火，淤泥定生经莲。
苦口的是良药，逆耳必是忠言。
改过必生智慧，护短心内非贤。
日用常行饶益，成道非由施钱。
菩提只向心觅，何劳向外求玄。
听说依此修行，天堂只在目前。

这可说是用永恒的眼光，来看日常伦理的世界。

禅宗文献里，有一联有名的诗句，最为人所津津乐道。那就是：

万古长空，一朝风月。

“万古长空”，象征着天地的悠悠与万化的静寂；“一朝风月”，则显示出宇宙气机的生动流行。而这二者应该合在一起来讲才行，因为它们是融成一体而不可分的。南宋禅师善能说得对：“不可以一朝风月，昧却万古长空；不可以万古长空，不明一朝风月。”

解乎此，就可以体会出永恒宇宙始生前酝酿于母胎中第一次的颤动。也就在这一颤动中间，我们有了生命，有了行动，有了形状，有了颜色。没有人知其所以然，真称得上是“玄之又玄”了。可是只要能欣赏这种玄妙，任何敏感的人都能进入一种充满快乐而惊奇的境界。因为世间岂有比在永恒的静寂中，突然响起一声空谷来音更优美、更动人心弦的事物？尤有进者，天天都是创造的日子，因为它是独一无二的，是始也是终。上帝乃是生生之神，而非死亡的主宰。

整个禅的意义，无非是想唤起生生不息与时空交融的觉悟。当一个人自性俱足时，最偶然的机缘，都能使他开悟。古时一个和尚研读法华经，在他读到“诸法本寂灭”时，觉得迷惑不解。于是日夜苦思焦虑，行止坐卧都不罢休；可是，越想越糊涂。有一年的春天，突然的一声莺啼，唤醒了他的迷梦，立即写成如下的一首偈子：

诸法从本来，皆自寂灭相。
春至百花开，黄莺啼柳上。

这一声的莺蹄，点破他对永恒寂灭的体悟。跟这个相类的一个例子，就是一个俗家弟子，如厕时正想着一个公案，突然听到一声蛙鸣，立刻彻悟悠悠的万有而写下：

春天月夜一声蛙，
撞破乾坤共一家。

声音可以使人开悟，颜色亦复如此。有一位禅师是看到桃花而开悟的。他说：“自从一见桃花后，直到如今更不疑。”当然他从前也见过桃花，不过这次他才看到桃花的本来面目。也就是说，这是他第一次以永恒的寂灭来观察桃花，就如它刚从造物主那显现造出来一样。从前他只是梦里看花，模模糊糊；可是，这一次由于他内心快乐而开悟，乃是它之所以存在及美的出处；换句话说，他所看到的桃花，已经不是孤立的物体，而是来自整个宇宙源头的活泉。

有些禅师说，我们完全觉醒时，可以用眼看。赞美诗的作者，便是这种人物。他写道：

乾坤揭主荣，碧空布化工。
朝朝宣宏旨，夜夜传微衷。

庄子曾把死当作大觉或大归，而禅师们却认为大醒或大归应该在生命中完成。那就是说，我们活着时得找到真我；而只要我们体认出我们的真我，涅槃（永生）立即为我们所有，因为真我是超越生死的。套用利塞的圣·德瑞士（St.Therese of Lisieux）的一句话，然后我们就能“以在天的岁月来造益人世”了。到达此一境界，就是云门禅师所说的“节节为好节”、“日日皆好日”了。无门和尚有首小诗说得好：

春有百花秋有月，夏有凉风冬有雪。
若无闲事挂心头，便是人间好时节。

最好的似非而是的说法是，只有不关心一己的生命，才能真正品尝到生之喜悦；只有无忧无虑的人，才能真正照顾到别人。这让我想到若望第廿三世，他为何那么令人神往、那么令人钦仰呢？此无他，因为他全心全意地奉侍上帝。他的看法是：“天天月月都是上帝的，因此都是好日子。”1962年耶诞，他说：“我已活了82岁，我得走完这人生的旅途吗？天天都是出生的好日子，也都是大归的好日子。”临去世时，看到亲友在哭泣，他要他们高唱圣母玛利亚颂，并说：“振作起来，这不是哭泣的时刻，而是快乐与荣耀的时辰。”他也安慰他的私人医生说：“教授，别伤心，我的行囊一直收拾妥当，大限一到，我是不会耽搁的。”我觉得基督教的悦乐精神，是融合儒、道、释三家的。

要之，我们现在生活在一个空前伟大的时代。这个时代可以说是东西正面接触的时代，它要求一种根本的和谐，它也是一个精神上极度扰攘不安的时代。物质文明的发展，已经超过我们的梦想；我们已经登陆月球，也正在征服火星。肉体虽然已经起飞，灵魂却依然停留在地上。柏格森说得好：“现在，身体各部分是胀大了，可是灵魂依然保持原状，因此，它显得太小而无法遍布全身，也显得太弱而难以领导身体了。如此一来，灵肉之间便形成一道鸿沟，因此，引起很多严重的社会、政治及国际问题。也就是因为想弥缝这道鸿沟，才引发很多劳而无功的努力。其实我们真正需要的事物，厥为贮藏新潜能，亦即此一时代之道德能量。”在目前这个太空时代，多数青年人居然还感到“因缺乏空间而无法吸气”，诚属一大讽刺。不管怎么样，我们是没有理由悲观的。就以本人来说，我对于人性是深具信心的。同时我也相信，我们所面临的考验越大，我们克服困难的方法就越高明。尤有进者，从各种迹象看来，科学思想是日趋成熟了。因此，它不仅不认为与宗教对立，相反地，它愈来愈体认它与宗教是向信仰朝圣的旅伴。最具意义的事情，莫过于当代最优秀的科学家之一的爱因斯坦所博士，居然说出下面一段话来：

我们所能经验到的最美的事物，就是神秘的事物。它是一切真艺术、真科学的起源。不知道这种感情为何物并且不再停下来深感惊奇和恭谨肃立的人，无异行尸走肉：因为他是开眼的瞎子。这种对生命奥秘的洞察，虽则具只有敬惮的心情，亦足以产生宗教的了。承认我们所无法参得透的事物真的存在，可说是处身于真正敬神的境界中。因为那些无法参透的事物所呈现的是最高的智慧和光彩夺目的美，而我们类似萤火之光的能力，却只能靠“知”与“感”这种最原始的形式来了解它呢！

同样深具意义的是，阿波罗十一号的一位英雄，居然也背诵出《诗篇》第八首最精采彩诗句来：

诸天现光彩，妙手运阴阳。
瑞景中天灿，星月耀灵光。

人类处其中，碌碌无所长。
乃蒙主拔擢，圣眷迥异常。

(引自吴经熊博士译《圣咏初稿译义》)

至于东西的文化关系，说它们互相爱慕并不嫌过分。一方面由于东方国家对于西方的科学文明低首下心，他方面则由于越来越多的西方知识分子为远东的文化及精神传统中的玄理所吸引。兄弟很可以说，儒、道、禅在西方比在东方更为人所热心研读。就我所知，西方有不少人士，经由远东宗教的探索而返归基督教。这是因为远东的宗教里头的神秘与道德的洞察力，提醒他们福音中有着无尽的宝藏的缘故。基督徒吸取人类一切活生生的传统中的真、善、美的事物，并复归于“道”，此其时矣！凡是尘世的人，没有不受到“道”的启发的。末了，我们要记住，想把水变成酒之前，得先把水壶装满水才行。

笑是一种治疗

导读

为什么我们需要多笑？因为生活中有太多无聊的、无可奈何的、不如意的事情；有太多的跳梁小丑；有太多的自不量力的、贪心不足的、精神不健全的人。笑，能转换我们的视角，能化解我们心头的怨恨，能提高我们幽默的能力。笑，意味着心灵的开放与心胸的豁达，精神境界的拓宽与品格的提升。笑弥佛有偈：“笑天下一切可笑之人，笑天下一切可笑之事。”陆游有诗曰：“忧患如山一笑空。”这是多么自信的气度！可见，笑是平衡和调节心理的一种治疗工具。

俗语说：笑一笑，十年少。说明笑促进人身心健康已经成为老百姓的一种经验共识。笑促进健康，促进人际关系的和谐有科学道理。笑不仅是一种肌肉运动的生理现象，还是一种大脑兴奋的精神现象，笑是心理健康的综合反映。笑同时还是一种社会文化现象，不同的文化有不同的笑话，自然也有不同的发笑艺术。笑既然有益健康，就要多笑。为了鼓励人们多笑，人们发明了漫画、相声、小品、马戏等逗笑的艺术。笑，的确是一种治疗心灵的艺术。笑，逗人笑，甚至可以成为一些人的职业，因为我们每一个人都需要它。笑是人类高度发达的心理机能，也许只有人类享有。如果你不善于笑，甚至从来没有笑容，从某种意义上说，无异于一个精神残疾者。

我们不仅要知道笑所带来的好处，更要知道发笑的原因和诱发笑的条件。想一想，你平时因什么发笑？是因为看到幽默，还是因为有意外的收获或幸运？你常表现出怎样的笑？是开怀大笑，还是微微一笑？是讥笑、冷笑，还是苦笑？笑，既然是人之笑，产自精神的花朵，就必有高低境界之别。如看小品之笑，多是幽默滑稽之笑，其为低；而布袋和尚之笑是空色相，是出世之笑，其为高。笑的原因异常复杂，笑的内容丰富多彩。但不管怎样，只要你已经笑了，就说明你已经在精神上成了胜利者。

俗语说：一个笑星进城，胜过一打医生。笑，不仅是心理治疗的手段，而且还是人际关系最好的润滑剂。你的家庭和办公室只要有了笑声，那就肯定也有了爱、宽容、自由和快乐。

阅读材料

笑

◎高士其

随着现代医学的发展，我们对于笑的认识，更加深刻了。

笑，是心情愉快的表现，对于健康是有益的。笑，是一种复杂的神经反射作用，当外界的一种笑料变成信号，通过感官传入大脑皮层，大脑皮层接到信号，就会立刻指挥肌肉或一部分肌肉动作起来。

小则嫣然一笑，笑容可掬，这不过是一种轻微的肌肉动作。一般的微笑，就是这样。

大则是爽朗的笑，放声的笑，不仅脸部肌肉动作，就是发声器官也动作起来。捧腹大笑，手舞足蹈，甚至全身肌肉、骨骼都动员起来了。

笑在胸腔，能扩张胸肌，使人呼吸正常。

笑在肚子，腹肌收缩了而又张开，及时产生胃液，帮助消化，增进食欲，促进人体的新陈代谢。

笑在心脏，血管的肌肉加强了运动，使血液循环加强，淋巴循环加快，使人面色红润，神采奕奕。

笑在全身，全身肌肉都动作起来，兴奋之余，使人睡眠充足，精神饱满。

笑，也是一种运动，不断地变化发展。笑的声音有大有小；有远有近；有高有低；有粗有细；有快有慢；有真有假；有聪明的，有笨拙的；有柔和的，有粗暴的；有爽朗的，有娇嫩的；有现实的，有浪漫的；有冷笑，有热情的笑，如此等等，不一而足，这是笑的辩证法。

笑有笑的哲学。

笑的本质，是精神愉快。

笑的现象，是让笑容、笑声伴随着你的生活。

笑的形式，多种多样，千姿百态，无时不有，无处不有。

笑的内容，丰富多彩，包括人的一生。

笑话、笑料的题材，比比皆是，可以汇编成专集。

笑有笑的医学。笑能治病，神经衰弱的人，要多笑。

笑可以消除肌肉过分紧张的状况，防止疼痛。

笑也有一个限度，适可而止，有高血压和患有心肌梗塞毛病的人，不宜大笑。

笑有笑的心理学。各行各业的人，对于笑都有他们自己的看法，都有他们的心理特点。售货员对顾客一笑，这笑是有礼貌的笑，使顾客感到温暖。

笑有笑的政治学。做政治思想工作的人，非有笑容不可，不能板着面孔。

笑有笑的教育学。孔子说："学而时习之，不亦说乎!"这是孔子勉励他的门生们要勤奋学习。读书是一件快乐的事。我们在学校里，常常听到读书声，夹着笑声。

笑有笑的艺术。演员的笑，笑得那样惬意，那样开心。所以，人们在看喜剧、滑稽戏和马戏等表演时，剧场里总是笑声满座。

笑有笑的文学，相声就是笑的文学。

笑有笑的诗歌。在春节期间，《人民日报》发表了有笑的诗。其内容是："当你撕下八一年的第一张日历，你笑了，笑了，笑得这样甜蜜，是坚信，青春的树越长越葱茏？是祝愿，生命的花愈开愈艳丽？呵！在祖国新年建设的宏图中，你的笑一定是浓浓的春色一笔……"

笑，你是嘴边一朵花，在颈上花苑里开放。

你是脸上一朵云，在眉宇双目间飞翔。

你是美的姐妹，艺术的娇儿。

你是爱的伴侣，生活有了爱情，你笑得更甜。

笑，你是治病的良方，健康的朋友。

你是一种动力，推动工作与生产前进。

笑是一种个人的创造，也是一种集体生活感情融洽的表现。

笑是一件大好事，笑是建设社会主义精神文明的一个方面。

我这篇科学小品，再加上外国的资料，可以在大百科全书中，在笑的项目下，占有一席的地位。

让全人类都有笑意、笑容和笑声，把悲惨的世界变成欢乐的海洋。

阅读材料

笑口常开

◎贾平凹

著作得以出版，殷切切送某人一册，扉页上恭正题写：“赠×××先生存正。”一月过罢，偶尔去废旧书报收购店见到此册，遂折价买回，于扉页上那条题款下又恭正题写：“再赠×××先生存正。”写毕邮走，趔进一家酒馆坐喝，不禁乐而开笑。

大学毕业，年届三十，婚姻难就，累得三朋四友八方搭线，但一次一次介绍终未能成就。忽一日，又有人送来游票，郑重讲明已物色着一位姑娘，同意明日去公园××桥第三根栏杆下见面。黎明早起，赶去约会，等候的姑娘竟是两年前曾经别人介绍见过面的。姑娘说：“怎么又是你?!”掉身而去。木木在桥上立了半晌，不禁乐而开笑。

好友×君，编辑十五年杂志，清苦贫困，英年早逝。保存下那一支笔和一副深度近视镜。租三轮车送亡友去火葬场火化，待化的队列冗长，忽见墙上张贴有“本场优待知识分子”，立即返回取来编辑证书，果然火化提前，免受尸体臭烂，不禁乐而开笑。

入厕所大便完毕，发现未带手纸，见旁边有被揩过的一片脏纸，应急欲用，却进来一个人蹲坑，只好等着那人便后先走。但那人也是没手纸，为难半天，也发现那片脏纸，企图我走后应急。如此相持许久，均心照不宣，后同时欲先下手为强，偏又进来一人，背一篓，拄一铁条，为拣废纸者，铁条一点，扎去脏纸入篓走了。两人对视，不禁乐而开笑。

居住于A城的伯父，沉沦于二十年右派生涯，早妻离子散，平反后已垂垂暮老，多回忆早年英武及故友。我以他大学的一位女生名义去信慰藉，不想他立即复信，只好信来信往，谈当年的友情，谈数十年的思念，谈现在鳏寡人的处境，及至发展到黄昏恋。我半月一封，连续四年不断，且信中一再说要去见他，每次日期将至又以患病推延。伯父终老弱病倒，我去看他，临咽气说：“我等不及她来了。她来了，你把这个箱子交她。”又说一句：“我总没白活。”安详瞑目。掩埋了伯父，打开箱子，竟是我写给他的近百封信，得意为他在爱的幸福中度过晚年，不禁乐而开笑。

陪领导去某地开会，讨论席上，领导突然脖子发痒，用手去摸，摸出一个肉肉的小东西，脸色微红，旋又若无其事说：“我还以为是个虱子哩！”随手丢到地上。我低头往地上瞅，说：“噢，我还以为不是个虱子哩！”会后领导去风景区旅游，而我被命令返回，列车上买一个鸡爪边嚼边想，不禁乐而开笑。

有了妻子便有了孩子，仍住在那不足十平方米的单间里。出差马上就要走了，一走又是一月，夫妻想亲热一下，孩子偏死不离家。妻说：“小宝，爸爸要走了，你去商店打些酱油，给你爸爸做一顿好吃的吧！”孩子提了酱油瓶出门，我说：“拿这个去。”给了一个大口浅底盘子，“别洒了啊！”孩子走了，关门立即行动。毕，赶忙去车站，于巷口远远看见孩子双手捧盘，一步一小心地回来，不禁乐而开笑。

夜里正在床上半醒半睡，有人影推门闪进来，在立柜里翻，翻出一堆破衣服和书报，扔了；再往架板上翻，翻出各类米袋子、面袋子和书报，扔了；在桌斗里又翻，是一堆读书卡片，凑眼前看了看，扔了。咕噜了一句顺门便走，我在床上说：“朋友，把门拉上，夜里有风的。”小偷把门拉上了。天明起来整理房间，一地乱书乱报，竟发现找了好久未找着的一份资料，不禁乐而开笑。

上大街回来，挤了一身臭汗，牢骚道：“有枪得在街十字路口扫一通！”回家一杯茶未喝尽，楼梯上步声杂乱，巷中有人呼："大街上有人用枪打死几十人了！"遂也往街上跑，街上人山人海，弯腰往里挤，问："尸体在哪儿？"一熟人说："不是你讲的吗？"忽记得那一句顺口的牢骚，不禁乐而开笑。

剧场里正巧和一位官太太邻座，太太把持不住放一屁，四周骚哗。骂问："谁放的？不文明！"太太窘极不语，骂问声更甚。我站起说："我放的！"众人骚哗即息，却以手作扇风状，太太也扇，畏我如臭物，回望她不禁乐而开笑。

出外突然有人迎面过来打招呼，立即停下，作疑惑状。"你不认识我了？""怎么不认识！"于是握手，互问哪儿来，到哪儿去，互问老人康健孩子可乖，互说又胖了，又瘦了，半天的淡而无味的话。分手了，终想不起这是谁，不禁乐而开笑。

弄文学的穷朋友来家侃山，酒瘾发而酒瓶仅能空出一杯酒，取马鬃四根，各人蘸吮，却大声划拳："三匹马，五魁手……你一盅（鬃）！我一盅（鬃）！"窗外卖茶蛋的老妪对老翁说："怪不得咱出钱让人家写文章宣传咱不干，人家钱多酒量也大，喝了整晌也未醉！"听着不禁乐而开笑。

路过一条小巷，忽见有长队排出，以为又在出售紧俏物件了，急忙列入其中，排到跟前，方见是巷口唯一的厕所，居民等候出恭，不禁乐而开笑。

去给孩子买一双袜子，昨日看时价是一元，今日是一元二角，怏怏出店门，打响一个喷嚏，喷带出一口痰。正想是售货员在嘲笑我，我方有喷嚏打出，一位戴"卫管员"袖章的人却责斥我吐了痰要罚五角钱。掏出那一元钱，卫管员没零钱找，遂再当地吐一口，愤愤而走，走过十步，不禁乐而开笑。

出差去旅社住宿，服务员开发票"作协"写成"做鞋"，不禁乐而开笑。

夏月偏停电，爬十二层楼梯去办公室，气喘吁吁到门口了，门钥匙却和自行车钥匙系在一起，遗忘在车子锁孔了，不禁乐而开笑。

路遇一女子，回望我嫣然一笑，极感幸福，即趋而前去搭话，女子闪进一家商店，尾随入店，玻璃上映出自己衣服钮扣错位，不禁乐而开笑。

名字是自己的，别人却用得最多，不禁乐而开笑。

写完《笑口常开》草稿，去吸一根烟，返身要誊写时，草稿不见了，妻说：“是不是一大页写过的纸，我上厕所用了。”惊呼：“那是一篇散文！”妻说：“白纸舍不得用，我只说写过的纸就没用了。”急奔厕所，幸而虽臭但未全湿，捂鼻子抄出一份，不禁乐而开笑。

一九八九年二月二十七日于病室

快乐永远借不到

导读

古时有一则庄子与惠子关于鱼乐之争的故事。庄子说：观桥下白鱼悠哉悠哉，多么快乐！惠子问：你又不是鱼，怎么知道鱼是快乐的呢？庄子反驳：那你又不是我，怎么知道我不知道鱼的快乐呢？这两位贤士的争论说明，快乐是个人感受，只有自己才知道自己是否真的快乐。

王公大臣想为一个极耳目声色之娱却依旧不乐的国王找到一件快乐人的衬衣，实质上大臣也是不明白“快乐由心生”的这个道理。国王和一个无忧无虑在树下乘凉的农夫的区别在哪里？就在于后者心上“一丝不挂”！可见，快乐是不能像物品一样从别人那里去借用的。自性被遮蔽的人，无论环境多好也不能使他快乐起来；而内心湛然的人，则无往而不乐。其实，“饥来吃饭，困来即眠”，学禅不过是一切顺其自然而已。快乐就在自己的生活中，不需外求。

从辩证的关系来看，所谓快乐不过是解除苦痛之谓。没有苦痛便是幸福。但许多人以为快乐是超出日常生活范围之外的奢望，快乐是不平凡的、物以稀为贵的东西。于是，一些人总是挖空心思去寻求刺激的快乐，到头来还是得不到快乐。例如有钱的人为了追求新奇的刺激去吸毒，结果常常弄得倾家荡产。其实，快乐寓于平平凡凡之中，快乐就是一日三餐，能吃能睡。

事实上，只要你抛弃头脑中关于快乐的幻想，放弃快乐条件论的观念，把心胸敞开，快乐就有可能随时降临。用宽阔的心胸重新审视身边的人物言行、动物嬉戏、花草姿态、市井百态，不难发现赏心悦目之事随处皆是。虽然如此，有些人总是只看到世界上的丑恶和黑暗，于是，便愤世嫉俗，感到悲观失望或忧郁孤独。其实，世界从来就是善恶并存，光明与黑暗交织的。你之所以只看到黑暗，是因为你的意识之光聚焦或固着在那里。要知道，你看到的并不等于世界的全部，这实在是一个简单的道理。

快乐的人并不是因为特别幸运才快乐，而不快乐的人也不是因为总是倒霉才不快乐。别人的快乐你借不来，除非你以别人快乐而快乐；同样，你也不要以为自己快乐别人也会同样快乐，除非你使别人也快乐。

阅读材料

快　乐

◎梁实秋

天下最快乐的事大概莫过于做皇帝。“首出庶物，万国咸宁。”至不济可以生杀予夺，为所欲为。至于后宫粉黛三千，御膳八珍罗列，更是不在话下。清乾隆皇帝“称八旬之觞，镌十全之宝”，三下江南，附庸风雅。那副志得意满的神情，真是不能不令人兴起“大丈夫当如是也”的感喟。

在穷措大眼里，九五之尊，乐不可支。但是试起古今中外的皇帝于地下，问他们一生中是否全是快乐，答案恐怕相当复杂。

西班牙国王拉曼三世（Abder RahmanⅢ，960）说过这么一段话：

“我于胜利与和平之中统治全国约五十年，为臣民所爱戴，为敌人所畏惧，为盟友所尊敬。财富与荣誉，权力与享受，呼之即来，人世间的福祉，从不缺乏。在这情形之中，我曾勤加计算，我一生中纯粹的真正的幸福日子，总共仅有十四天。”

御宇五十年，仅得十四天真正幸福日子。我相信他的话。宸谟睿略，日理万机，很可能不如闲云野鹤之怡然自得。于此我又想起从一本英语教科书上读到的一篇寓言。题目是“一个快乐人的衬衫”。某国王，端居大内，抑郁寡欢，虽极耳目声色之娱，而王终不乐。左右纷纷献计，有一位大臣言道：如果在国内找到一位快乐的人，把他的衬衫脱下来，给国王穿上，国王就会快乐。王韪其言，于是使者四处寻找快乐的人。访遍了朝廷显要，朱门豪家，人人都有心事，家家都有一本难念的经，都不快乐。最后找到一位农夫，他耕罢在树下乘凉，裸着上身，大汗淋漓。使者问他：“你快乐么？”农夫说：“我自食其力，无忧无虑！快乐极了！”使者大喜，便索取他的衬衣。农夫说：“哎呀！我没有衬衣。”这位农夫颇似我们的禅门之“一丝不挂”。

常言道，“境由心生”，又说“心本无生因境有”。总之，快乐是一种心理状态。内心湛然，则无往而不乐。吃饭睡觉，稀松平常之事，但是其中有大道理。大珠《顿悟入道要门论》：“有源律师来问：‘和尚修道，还用功否？’师曰：‘用功。’曰：‘如何用功？’师曰：‘饥来吃饭，困来即眠。’曰：‘一切人总如是，同师用功否？’师曰：‘不同。’曰：‘何故不同？’师曰：‘他吃饭时不肯吃饭，百种须索，睡时不肯睡，千般计较。所以不同也。’律师杜口。”可是修行到心无挂碍，却不是容易事。我认识一位唯心论的学者，平夙昌言意志自由，忽然被人绑架，系于暗室十有余日，备受凌辱，释出后他对我说：“意志自由固然不诬，但是如今我才知道身体自由更为重要。”常听人说烦恼即菩提，我们凡人遇到烦恼只是深感烦恼，不见菩提。

快乐是在心里，不假外求，求即往往不得，转为烦恼。叔本华的哲学是：苦痛乃积极的实在的东西，幸福快乐乃消极的根本不存在的东西。所谓快乐幸福乃是解除苦痛之谓。没有苦痛便是幸福。再进一步看，没有苦痛在先，便没有幸福在后。梁任公先生曾说：“人生最快乐的事，莫过于看着一件工作的完成。”在工作过程之中，有苦恼也有快乐，等到大功告成，那一份“如愿以偿”的快乐便是至高无上的幸福了。

有时候，只要把心胸敞开，快乐也会逼人而来。这个世界，这个人生，有其丑恶的一面，也有其光明的一面。良辰美景，赏心乐事，随处皆是。智者乐水，仁者乐山。雨有雨的趣，晴有晴的妙，小鸟跳跃啄食，猫狗饱食酣睡，哪一样不令人看了觉得快乐？就是在路上，在商店里，在机关里，偶尔遇到一张笑容可掬的脸，能不令人快乐半天？有一回我住进医院里，僵卧了十几天，病愈出院，刚迈出大门，陡见日丽中天，阳光普照，照得我睁不开眼，又见市廛熙攘，光怪陆离，我不由得从心里欢叫起来：“好一个艳丽盛装的世界！”

“幸遇三杯酒美，况逢一朵花新？”我们应该快乐。

阅读材料

乐园失掉了吗

◎林语堂

在这行星上的无数生物中，所有的植物对于大自然完全不能表示什么态度，一切动物对于大自然，也差不多没有所谓“态度”。然而世界居然有一种叫做人类的动物，对于自己及四周的环境，均有相当的意识，因而能够表示对于周遭事物的态度：这是很可怪的事情。人类的智慧对宇宙开始在发出疑问，探索它的秘密，而寻觅它的意义。人类对宇宙有一种科学的态度，也有一种道德的态度。在科学方面，人类所想要发现的，就是他所居住的地球的内部和外层的化学成分，地球四周的空气的密度，那些在空气上层活动着的宇宙线的数量和性质，山与石的构成，以及统御着一般生命的定律。这种科学的兴趣与道德的态度有关，可是这种兴趣的本身纯粹是一种想知道和想探索的欲望。在另一方面，道德的态度有许多不同的表现，对大自然有时要协调，有时要征服，有时要统治和利用，有时则是目空一切的鄙视。最后这种对地球目空一切的鄙视态度，是文化上一种很奇特的产品，尤其是某些宗教的产品。这种态度发源于“失掉了乐园”的假定，而今日一般人因为受了一种原始的宗教传统的影响，对于这个假定，信以为真，这是很可怪的。

对于这个“失掉了的乐园”的故事是否确实，居然没有一个人提出疑问来，可谓怪事。伊甸乐园究竟是多么美丽呢？现在这个物质的宇宙究竟是多么丑恶呢？自从亚当和夏娃犯罪以后，花不再开了吗？上帝曾否因为一个人犯了罪而咒诅苹果树，禁止它再结果呢？或是他曾否决定要使苹果花的色泽比前更黯淡呢？金莺、夜莺和云雀不再唱歌了吗？雪不再落在山顶上了吗？湖沼中不再有反影了吗？落日的余晖、虹影和轻雾，今日不再笼罩在村落上了吗？世界上不再有直泻的瀑布、潺潺的流水和多荫的树木了吗？所以,"乐园失掉了"的神话是什么人杜撰出来的呢？什么人说我们今日是住在一个丑陋的世界呢？我们真是上帝纵容坏了的忘恩负义的孩子。

我们得替这位纵容坏了的孩子写一个譬喻。有一次，世界上有一个人，他的名字我们现在暂且不说出来。他跑去向上帝诉苦说，这个地球给他住起来还不够舒服，他说他要住在一个有珍珠门的天堂。上帝起初指着天上的月亮给他看，问他说，那不是一个好玩的玩具吗？他摇一摇头。他说他不愿看月亮。接着上帝指着那些遥远的青山，问他说，那些轮廓不是很美丽吗？他说那些东西很平凡。后来上帝指着兰花和三色堇菜的花瓣给他看，叫他用手指去抚摩那些柔润的花瓣，问他道，那色泽不是很美妙吗？那个人说："不。"具着无限的忍耐的上帝带他到一个水族馆去，指着那些檀香山鱼的华丽的颜色和形状给他看，可是那个人说他对此不生兴趣。上帝后来带他到一棵多荫的树木下去，命令一阵凉风向他吹着，问他道，你不能感到个中的乐趣吗？但那个人又说他觉得那没有什么意思。接着上帝带他到山上一个湖沼边去，指给他看水的光辉，石头的宁静，和湖沼中的美丽的反影，给他听大风吹过松树的声音，可是那个人说，他还是不感到兴奋。上帝以为他这个生物的性情不很柔和，需要比较兴奋的景色，所以便带他到洛矶山顶，到大峡谷，到那些有钟乳石和石笋的山洞，到那时喷时息的温泉，到那有沙冈和仙人掌的沙漠，到喜马拉雅山的雪地，到扬子江水峡的悬崖，到黄山上的花岗石峰，到尼格拉瀑布的澎湃的急流，问他说，上帝难道没有尽力把这个行星弄得很美丽，以娱他的眼睛、耳朵和肚子吗？可是那个人还是在吵着要求一个有珍珠门的天堂。那个人说："这个地球给我住起来还不够舒服。"上帝说："你这狂妄不逊、忘恩负义的贱人！原来这个地球给你住起来还不够舒服。那么，我要把你送到地狱里去，在那里你将看不到浮动的云和开花的树，也听不到潺潺的流水，你得永远住在那边，直到你完结了你的一生。"上帝就把他送到一间城市的公寓里去居住。他的名字叫做克里斯建（Christian——意译为"基督徒"）。

这个人显然是很难满足的。上帝是否能够创造一个天堂去满足他，还是问题呢。以他的百万富翁的心理错综，我相信在天堂住到第二星期，对于那些珍珠门一定会感到相当厌倦，而上帝到那时候一定是束手无策，想不出什么办法可以博得这个纵容坏了的孩子的欢心了。一般人都相信：现代的天文学在探索整个看得见的宇宙时，是在强迫我们承认这个地球本身便是一个天堂，而我们梦想中的"天堂"必须占据相当的空间；它既然占据了相当的空间，一定是在穹苍的什么星辰上，除非它是在星辰当中的空虚之中。这个"天堂"既然是在一颗有月亮或无月亮的星辰上，我真想象不出一个比我们的地球更好的处所。当然那边也许不只有一个月亮，而有十二个月亮，粉红色的，紫色的，绀青色的，青色的，橙黄色的，淡紫色的（lavender），绿色的，蓝色的，此外也许还有更好而且更常见的彩虹。可是我相信一个人如果对一个月亮感不到满足，对十二个月亮也会感到厌倦；一个人如果对于时或出现的雪景和彩虹感不到满足，对更好而且更常见的彩虹也会感到厌倦。那边一年中也许不只有四季，而有六季，春和夏，昼和夜的递变也许一样的美丽，可是我不知道那有什么不同。如果一个人不会享受地球上的春和夏，他怎么能够享受天堂上的春和夏？我现在说起这种话来，也许是个傻瓜或非常明哲的人，可是我的确不赞成佛教徒或基督教徒的愿望：他们假想着一个不占空间，而由纯粹的精神创造出来的天堂，因此企图逃避感官和物质上的东西。在我自己看来，住在这个行星上跟住在别个行星上是一样的。的确没有一个人可以说这个行星上的生活是单调无聊的。如果一个人对于气候的变迁，天空色彩的改变，各季节中的果实的美妙香味，各月中盛开的花儿，感不到满足，他还是自杀的好，不要再徒劳无功地企图追求一个无实现可能的天堂，因为这个天堂也许可以使上帝感到满足，却不能使人类感到满足。

以今日的实际事实而言，大自然的景色、声音、气息和味道，与我们的视觉、听觉、嗅觉、味觉等感官之间，是有着一种完美的，几乎是神秘的协调的。这种宇宙的景色，声音和气息与我们的知觉之间的协调，乃是极完美的协调，这种协调成为目的论（伏尔泰所讥笑的目的论）最有力的理由。可是我们不必都变成目的论者。上帝也许曾请我们去参加这个宴会，或许不会请我们。中国人的态度是：不管上帝有没有邀请我们，我们都是要参加宴会的。当菜肴看来那么美味可口，而我们的胃口又这么好的时候，不去尝尝盛宴的味道，可就太不近情了。让哲学家们从事他们的形而上的研究，探索出我们是否也是被邀请的宾客吧；那个近情的人却趁菜肴还没有冷的时候，狼吞虎咽起来。饥饿往往是和健全的常识结连在一起的。

我们这个行星是个很好的行星。第一，这里有昼和夜的递变，有早晨和黄昏，凉爽的夜间跟在炎热的白昼的后边，沉静而晴朗的清晨预示着一个事情忙碌的上午：宇宙间真没有一样东西比此更好。第二，这里有夏天和冬天的递变；这两季节本身已经是十全十美了，可是还有春天和秋天可以逐渐地把它们引导出来，使它们更加完美：宇宙间真没有一样东西比此更好。第三，这里有沉静而庄严的树木，在夏天使我们得到荫影，可是在冬天并没有把温暖的阳光遮蔽了去：宇宙间真没有一样东西比此更好。第四，这里在十二个月的循环中，有盛开的花儿和成熟的果实：宇宙间真没有一样东西比此更好。第五，这里有多云多雾的日子，也有明朗光亮的日子：宇宙间真没有一样东西比此更好。第六，这里有春天的骤雨，有夏天的雷雨，秋天的干燥凉爽的清风，也有冬天的白雪：宇宙间真没有一样东西比此更好。第七，这里有孔雀、鹦鹉、云雀和金丝雀唱着不可模拟的歌儿：宇宙间真没有一样东西比此更好。第八，这里有动物园，其中有猴子、老虎、熊、骆驼、象、犀牛、鳄鱼、海狮、牛、马、狗、猫、狐狸、松鼠、土拨鼠以及各色各样的奇特的动物，其种类之多是我们想象不到的：宇宙间真没有一样东西比此更好。第九，这里有虹霓鱼、剑鱼、白鳗、鲸鱼、鲦鱼、蛤、鲍鱼、龙虾、小虾、蠖龟以及各色各样的奇特的鱼类，其种类之多是我们想象不到的：宇宙间真没有一样东西比此更好。第十，这里有雄伟的美洲杉树、喷火的火山、壮丽的山洞、巍峨的山峰、起伏的山脉、恬静的湖沼、蜿蜒的江河和多荫的水涯：宇宙间真没有一样东西比此更好。这种可以配合个人口味的菜单，简直是无穷尽的；人们唯一近情的行为便是去参加这个宴会，而不要埋怨人生的单调。

幸福是什么

导读

人是唯一爱对自己的生活追问意义的动物。什么是幸福？这是人类最古老而普遍的一种追问。人们对幸福的见解仁者见仁，智者见智。其对幸福的看法直接影响到个体对幸福的感受和追求的行为方式。有些人以“各从其欲，皆得所愿”为幸福，可以称之为欲望满足型；有些人以“衣食有余，父慈子孝，兄良弟顺，夫妻和睦”为幸福，可以称之为家庭型；有些人则以自我实现、自我完善为幸福，可以称之为个人主义型。有什么样的幸福观，就可能有什么样的生活追求。因此，从这种意义上说，幸福观是人生的标杆。

心理咨询门诊的来访者中，既有物质生活相对贫困者，也有富甲一方的财主老板；但自觉精神痛苦，没有幸福感却几乎是他们共同的特点。一个是没有满足物质欲望，一个是已经满足物质欲望。可见，幸福与物欲满足并没有直接关系。

虽然幸福主要是当事人的一种主观感受，但这并不等于幸福感与现实境遇无关。存在决定意识，幸福感与生存条件和实际生存状况还是密切相关的。人的幸福感并不是凭空而来的，而是通过与自己的过去比、与别人比之后所产生的感觉。幸福包含满足感，而原本满足的人在与别人比较后可能会自嘲其原来的欲求过于低级，过于狭窄。在几乎所有的神话、童话和传说故事中，穷人总是企盼自己发财致富。可见，我们不要以富人之心度穷人之腹，没有填饱肚子的人何来幸福？清贫中的悠闲最多算作是甘于清贫，那并不是他们希望的幸福。幸福绝不是一种抽象空洞的主观意念。温饱是幸福的前提，但幸福并不随物质财富的增加成正比地增长。已经满足物欲的人要保持幸福感就不能再停留在该层次，而要追求更高目标，即从个人的满足扩展为个人的实现和为社会作贡献。

幸福感与个人的认知方式也有密切关系。那些缺乏幸福感的人常有强烈的“被剥夺感”，这就是说他们大多并不是绝对的贫困者，而是与别人比较后认为自己得到的太少，抱怨由于一些人采取了不正当的手段而造成了这种社会的不公平。“被剥夺感”强烈的人充满怨气和仇恨，幸福感自然就少了。

幸福是热爱生活的感受，是被人牵挂的情愫，是母亲的奉献，是父亲的忙碌。决定幸福的精神要素可能有：对物质、名誉和权力的知足，积极的世俗眼光，开朗的性格，对世界有好奇心和乐于探索的勇气等。审视一下自己，看看具备了哪些获得幸福的心理素质。

阅读材料

谈幸福

◎［瑞士］赵淑侠

幸福的定义是什么？按字面上的解释应该是：幸运和福气。然而幸运和福气的标准又是如何呢？依我看是并无绝对的客观标准。一个人的运气好坏，福分如何，主要是看个人本身的感受。并不是说，在某种情况之下就算及格了，可以勉强划入幸福的范围；而在某种情况下就及不了格，称不上幸福。所谓幸福，应该不是一加一等于二那么固定的一成不变的东西。

世人有个习惯，总看别人过得比自己幸福，也喜欢品评他人幸福与否。你看，老张多幸福啊！同样的人，差不多的背景，人家今天就位高权重、妻儿俱全，多么幸福啊！老王混得也不错，富贵多金、太太能干、孩子争气，看着好叫人羡慕，他好幸福呀！还有老什么，情况也够得称上上，真是幸运和福气两全的人，如果我要有他一半的机运也就满足了，就觉得很幸福了。

事实上老张老王和老什么，是不是真如你想象的那么幸福呢？其实不见得，也许正在你慨叹惊羡的当儿，忽然传出老张厌世自杀、老王离婚，或老什么和他上司吵翻了的冷门消息，使你不得不对人生的美满与否，幸福的标准，重新估计，再下定义。

一句老实话，“幸福”是最主观不过的意念。一个人幸福与不幸福，主要在乎那个人本身的感觉，别人是没办法替他去体会的。那情形正如同你遇到个家无恒产，居无定业，看来“四大皆空”样样不全，绝无幸福可言的人，不见得就真如你以为的那么不幸福，是一样的道理。

说得潇洒一点，浪漫一点，幸福应是纯精神，意念多于物质，抽象重于实际，全靠个人心胸、认识、境界所造成的心灵活动。一个人感觉自己幸福不幸福，全看他个人的感受、对幸福解释的尺度和对人生的趣味。

譬如说：老孙是个科学家，人家都搞股票炒地皮，赚了许多钱，独他终日蹲在实验室里，对着几样仪器一堆纸片子试来验去地弄个不停。一天忽然有了个什么小小的发现，那个发现和他脑子里的假设恰恰吻合，于是他便乐得哈哈直笑，快乐得和小孩子一样，觉得自己是天下最幸福的人了。说不定那些搞股票地皮的人看他像个傻瓜，但他自认比那些人更幸福百倍。

也许老李喜爱音乐，情愿躲在家里静静地听唱片而不愿出去应酬，别人正怜恤他的寂寞孤单，他却正听到一段令他心弦颤动的好音乐，不觉浑然忘我，乐得飘飘然，幸福得到了沉醉的地步。

更多的例子是某太太或某先生，在别人看来她或他的那个另一半实在无出众之处，甚至没资格与她或他匹配。但是那某太太某先生偏偏对家庭、对婚姻满意已极，两人互相关爱、情深款款。反倒是才貌双全的某太太得不到其夫的怜惜，事业亨通外表又帅的某先生家庭不和。有幸福条件的人不幸福，无幸福条件的人反倒幸福，诸如此类的例子不胜枚举。表面上看来好像不是顶合理，如果再深想想，就知道再合理也没有了。因为，幸福就是这样的一个东西，一个无形无嗅摸不着拿不住的名词，你说它属于你，它就属于你；你说它与你无缘，它就与你无缘。

虽说幸福与否是靠个人感受、见仁见智的事，追求幸福仍是人生最大的目的。每个人都希望自己幸福，也希望他所爱的人幸福，有大胸襟的人更希望全国、全世界的人幸福。热情的人常会为这个目的献出他的力量，甚至他的生命、他的一切。尽管是如此，对幸福的诠释也是各说各话。革命志士抛头颅洒热血，固然是为了追求全民族的幸福，当今到处放炸弹劫机绑票的激烈分子，也以为他们是在为“全人类的幸福”做牺牲呢！

幸福的标准虽然因各人对幸福不同的解释而异，但幸福的真实感觉该是都差不了多少的。幸福，总是一种很满足、很自认幸运、不怨天不尤人、活得很快乐、很适意的感觉。

自觉幸福的人，生命便是享受；自觉不幸福的人，生命便成了苦斗的战场，或无可奈何的负担。

世界在幸福的人眼目中，是美丽多彩、希望无穷的；在不幸福的人眼中，则是阴暗丑陋、四顾茫然的。

热爱幸福，追求幸福，是人类的本能，也是人的基本权利。

去追求的机会也应该是均等的。不幸的是，在整个人类社会的历史中，出现过许许多多暴君之类的人物，他们仗着自己的权威，任着残忍的本性，粗暴地斩断亿万人追求幸福的路，造成世世代代充满了不幸福的人。

幸福的感觉是很美的，是充实而快乐的，是没有一个人愿意放弃去追求的。也因此，人类历经浩劫之后，一点也不气馁，不肯稍灭追求幸福的心意，哪怕心灵已被烧成一片灰烬，也要挣扎着在那片灰烬上重建幸福的宫殿。

幸福像一只鸟，最眷恋阳光下的绿树。知足常乐、心胸豁达，心中有那棵树的人，最易获得它。相反的，对现实不满，爱吹毛求疵，心中老是阴灰一片的，那只幸福的鸟便不愿飞临。

阅读材料

唯有牵挂才踏实

◎杨小云

牵挂，是一份非常美、非常缠绵的情愫。

有人可牵挂，是喜悦；被人牵挂，是幸福。

有事能牵挂，是拥有；受事所牵挂，则是一层无形的关联，是事事关心，是一种自觉重要的满足。

想想，在有限的生命中，曾经有那么一个人时时将他的心声附于你的身上，念你、记挂你、关心你、盼望你荣耀他的生命；也用他的光，照耀你的人生；让彼此因为对方，使生命更丰硕、更壮丽，让彼此的心灵，在智慧的最高层得以沟通，引发共鸣，这应是一个人一生中最值得追寻的乐事。

但是，牵挂有时候会变成一种负担，尤其当你将另一个人的快乐与否看得高过你自己的一切时，你便不大能左右自己的情绪，而成为因他乐而喜，因他忧而苦。他喜笑时，你心中一片亮丽；他沮丧时，你马上日月无光，完全沦为风向鸡，随风力而转动。你惊于自己的迷失，不甘于如此，却无力改变自己。只因为，你已将自己的心牵挂在他的身上，只因为此，你从而品尝到给予的真正快乐。这份牵挂，是“衣带渐宽终不悔”，是带着几分疑，几分不可解释的愚。

同样的，被人牵挂也常常转化成一重干扰，表现于言行举止，便是具体化的介入，介入到个人生活领域、心灵深处。人在某些时候，很希望和别人共享一切；有些时候，又极需要孤独冷静。若是外在的存在能配合内在的需求，无疑是完美妥帖。只是，世界上是不是真有那般圆满的人际关系?如果在你渴望独处时，别人投给你大量善意的关注，那么，很可能不但收不到预期效果，反而会形成困扰与厌恶。这时候，太多的被牵挂，便成为一种干扰。

这两种互为表里的关系，呈现在亲子之爱上，是父母永无止境地牵挂子女。因牵挂而关注、而询问、而介入，甚至恨不得替孩子生活，替他承受一切。然而做子女的，却不一定怡然接受这些因爱而演绎出来的行为表现。他们只感觉到这些行为所带来的干涉、阻力，他们只想躲开这些干涉，避开那些阻力。一直到有一天，这些无形的牵绊消失了，不再有谁询及他们的行止时，才恍悟到那份牵挂有多可贵。有个女孩子对我说，她母亲在时，每回她出门总叫她多带衣服，别忘了拿伞，而她总嫌妈妈烦；如今出门时，再也没有谁叮嘱她什么，她猛然发觉世界竟是如此冷清。

另外，有位丈夫总是抱怨妻子唠叨，天天问晚上回不回来吃饭，他所持的理由是：“要回来自然会回来，有什么好问?”问，本身是一种结果，而关爱则是它的缘由。肤浅的人，只看见它的果而无视它的因，当然这份牵挂就成了干扰，成了管，成了多事。

有人说“了无牵挂”表示出潇洒自在。然而，我却认为，在洒脱的背后，多少藏着几分无依与凄凉。人，尤其是凡人，多少还是担着一些负荷，受着一点干扰比较踏实些。

阅读材料

做母亲真好

◎吴芯雯

还没想明白要不要做母亲，女儿就悄无声息地来了。

从牙牙学语、蹒跚练步，到背上书包能看懂琼瑶，女儿在11个春秋里长大。有了11年当母亲的经历后，我说，当母亲真好！

将母亲作为一份责任肩在身上时，这母亲一定当得沉重。如果将母亲作为一种人生体验的过程，这母亲便当得惬意欢欣。

也许是当初就没想明白要不要当母亲就糊里糊涂做了母亲的缘故，我没有精心的准备，也没有刻意的追求，顺其自然地来了，也就顺其自然地接受。于是，我好像是一直在凭感觉当着母亲！

第一次笨拙地给女儿喂奶时，看她居然能熟练贪婪地吸吮，那份惊奇难以名状。当时便产生了要将这种感觉记录下来的冲动。没想到，记到今天，已记下了满满一大本。翻开这属于女儿的日记，能看到她怎样挣脱父母的怀抱跳到倾斜的大地，摔得鼻青脸肿却学会了走路；怎样掉下第一颗乳牙又长出新牙；怎样第一次捉住笔在一张白纸上画下一个不是圆的圆；第一次当上班干部时的那份骄傲；参加比赛受挫后的那份伤心和懊恼。这是一个生命从诞生到成长的过程。作为母亲，我目睹了这一过程，并时时体会到这个过程的艰辛和欢快，这是多么幸福！这种全新的人生体验，不当母亲岂能感受得到。

以为做了母亲仅仅只有奉献、只有付出，这母亲一定当得毫无乐趣、毫无快感。做了母亲后，虽然多了一份操劳、多了一份牵挂，可是这11年来，女儿给予我的，要比我给予她的多得多。

因为有了她，我知道了什么是天真、什么是纯洁，这股日夜环绕着我的清泉不知不觉地滋润了我的心。因为爱她，便一起爱了所有的孩子，看见有孩子跌倒，会箭一样地冲过去扶起来而不会有丝毫的犹豫。因为喜欢她，便一起喜欢所有的孩子，心里不由自主地涌出许多爱怜。因为有了她，我多了一份自信，多了一份直面人生风雨的勇敢。因为有了她，我更加珍惜自己，珍惜自己原本并不看得太重的生命。

如果没有做母亲，我的心智也许永远不会成熟，我只会是一块粗糙的石头被风雨一点点剥蚀。是女儿雕琢了我，给我以新的生命力，为我的人生点亮了一盏希望的灯。

一天，女儿问我："你是愿当我的朋友，还是愿当我的妈妈?"我说："我既愿当你的朋友又愿当你的妈妈，不过，我要先成为你的朋友然后才做你的妈妈。"于是，我便成了女儿的"妈妈朋友"。

我离家远行时，女儿会有电话追来，奶声奶气地告诉我许多有趣的事，大笑中忘了自己身在异乡。我风尘仆仆归来时，几乎总会有女儿自己做的小礼物摆在我的桌上，或是一张精心制作的贺卡，或是一个纸做的香袋，或是一张铅笔画。那上面总会写上一句话："妈妈，你辛苦了，欢迎你回家！"那时，一颗心便会溢了满幸福和感动。

出门办事耽搁了没有按时回家，最着急的是女儿，她会满街去找，没找到就坐立不安，就眼泪汪汪，让你感受到一种铭心刻骨的牵挂。

我的生日、我的节日，女儿都会给我送来一份祝愿。去年的“五四”青年节，她送给我的是一张画着美人鱼的画，她写着：妈妈，明天是“五四”青年节，您已经不是青年而是中年了，我送您一个美人鱼，让她给您留下对青年时代的回忆。今年初，我要住院动手术，她天天为我祈祷，还从画报上剪下一个可爱的小布娃娃送我：祝妈妈手术顺利，能活千岁，像布娃娃一样可爱。这点点滴滴的温馨，给了我多少生活的信心和勇气！

说不完做母亲的收获，道不尽做母亲的欢乐。如果有人问我，你最幸福的是什么，我会告诉他，我最幸福的是做了母亲。

如果来世还是女儿身，我一定还要做一回母亲。

享受人生的艺术

导读

千人千面，人的活法更是千差万别。有人活得自在潇洒，有人活得艰辛痛苦，有人活得轰轰烈烈，有人活得自然平静……究竟谁最会享受人生呢？这里有几个不同阶层的人，尽管他们时代不同，文化、经济、年龄与身体等状况也不同，但他们都充分地享受了人生的乐趣。

陶渊明本是一个代表中国传统知识分子生活方式的样本，但他并非一开始就是最会享受人生的智者。直到他告老还乡，才有“觉今是而昨非”的认知变化。他过去也见过无数繁花茂林，但只有此时才会发出“木欣欣以向荣，泉涓涓而始流。羡万物之得时，感吾生之行休”的感叹。走极端的人常常是变态的和不适应社会的，而陶渊明的可贵之处就在于他退出官场，但并没有因此而走上反叛社会或玩世不恭的极端；他学儒，却与道家和佛家的朋友交往甚密；他从过政，曾有过积极的追求，但他知难而退，并没有深陷而不能自拔；他虽隐居田园，“门虽设而常关”，但这不妨碍他“倚南窗以寄傲，审容膝之易安”，“园日涉以成趣”，“策扶老以流憩，时矫首而遐观”，“悦亲戚之情话，乐琴书以消忧”，“登东皋以舒啸，临清流而赋诗”，享受人生乐趣。陶渊明也是一个有缺点的、不完美的人，正是因为他宽容了自己，才会活得如此无忧无虑，心胸坦荡。“寓形宇内复几时？曷不委心任去留？胡为乎遑遑欲何之？”这种顺其自然的生活态度正是他享受人生之乐的秘诀，也是陶渊明留给我们关于如何修身养性的建议。

一个普普通通的残疾人，在福利工厂上班，结婚生子，周末带着孩子逛公园，业余时间看点文学书，他活得自在的原因就在于他从没有想过要立大志、发奋写作、改变现状。开电梯的姑娘并没有因为漂亮得与歌星一样而想辞掉这份被一些人瞧不起的工作，她不想去做歌星或模特，她为自己是一个平凡的电梯工而高兴。某个国家的著名将军、联合国代表团团长，年轻的时候也曾为自己的身材不够高大苦恼过，也曾穿过高底鞋。可是后来，他终于不再自欺欺人，而是充分地利用了天赋的这个特点，平平常常的事经他一做，往往就成了惊天动地之举。现实中有不少人因残疾而自卑自怜，为工作类别而怨声载道。结果呢？只有在不快乐中浪费一生。

阅读材料

谁最会享受人生

◎林语堂

要我描写这种人生的爱好的性质是很困难的；用一个譬喻来说明，或叙述一位人生的爱好者的真事迹，是比较容易的。陶渊明，这位中国最伟大的诗人和中国文化上最和谐的产物，很自然地浮上我的心头。当我说陶渊明是中国整个文学传统上最和谐最完美的人物时，一定没有一个中国人会反对我的话的。他不曾做过大官，没有权力和外表的成就，除一部薄薄的诗集和三四篇散文之外，也不曾留给我们什么文学遗产，可是他至今日依然是一堆照彻古今的烽火，在那些较渺小的诗人和作家的心目中，他永远是最高人格的象征。他的生活是简朴的，风格也是简朴的，这种简朴的特质是令人敬畏的，是会使那些较聪明较熟悉世故的人自惭形秽的。他今日是人生的真爱好者的模范，因为他心中反抗尘世欲望的念头，并没有驱使他去做一个彻底的遁世者，反而使他和感官的生活调和起来。文学的浪漫主义，与道家的闲散生活和反抗儒家的教义，已经在中国活动了两百多年，而和前世纪的儒家哲学合并起来，造成这么一种和谐的人格。在陶渊明的身上，我们看见那种积极的人生观已经丧失其愚蠢的满足，而那种玩世的哲学也已经丧失其尖刻的叛逆性（我们在托洛的身上还可以看见这么一种特质——这是一个不朽的标志），而人类的智慧第一次在宽容的嘲弄的精神中到达成熟期了。

在我的心目中，陶渊明代表中国文化的一种奇怪的特质，这种特质就是肉的专一和灵的傲慢的奇怪混合，就是不流于灵欲的精神生活和不流于肉欲的物质生活的奇怪混合；在这种混合中，感官和心灵是和谐相处的。因为理想的哲学家能够了解女人的妩媚而不流于粗鄙，能够酷爱人生而不过度，能够看见尘世的成功和失败的空虚，能够站在超越人生和脱离人生的地位，而不敌视人生。因为陶渊明已经达到了那种心灵发展的真正和谐的境地，所以我们看不见一丝一毫的内心冲突，所以他的生活会像他的诗那么自然，那么不费力。

陶渊明生于第四世纪末叶，是一位著名学者和官吏的曾孙；这位著名的学者和官吏在州无事，辄朝运百甓于斋外，暮运于斋内。陶渊明少时，以家贫亲老，起为州祭酒，可是不久便辞职，过着耕田的生活，因此患了一种疾病。有一天，他对亲朋们说：“聊欲弦歌以为三径之资，可乎？”有一个朋友听见这句话，便给他做彭泽令。他因为很喜欢喝酒，所以命令县公田都种秫谷，后来他的妻子固请种粳，才使一顷五十亩种秫，五十亩种粳。有一次，郡遣督邮至，县吏说他应该束带见督邮，陶渊明叹曰："吾不能为五斗米折腰。"于是他便辞职，写了《归去来兮辞》这首名赋。从此以后，他就过农夫的生活，有几次人家请他做官，他都拒绝了。他自己很穷，和穷人一起过活，他在给他儿子的一封信里，曾悲叹他们衣服不整，而且做着平常工人的工作。可是他有一次曾遣一个农家的孩子到他的儿子的地方去，帮他们挑水取柴；他在给儿子的信里说："此亦人子也，可善遇之。"

他唯一的弱点便是喜欢喝酒。他过着很孤独的生活，不常和宾客周旋，可是一看见酒的时候，纵使他和主人不认识，他也会和大家坐在一起喝酒的。有时他做主人，在席上喝酒先醉，便向客人说："我醉欲眠，卿可去。"他有一张没有弦线的琴。这种古代的乐器只有在心境很平静的时候，好整以暇地慢慢弹起来才有意思。他和朋友喝酒的时候，或想玩玩音乐的时候，常常抚这张无弦之琴。他说："但识琴中趣，何劳弦上声？"

他是一个谦逊、简朴和自立的人，交友极为谨慎。判吏王弘非常钦仰他，要和他做朋友，可是觉得很难碰见他。他很自然地说："我性不狎世，因疾守用，幸非洁志慕声。"王弘只好跟一个朋友设计去会见他，这个朋友约他出门喝酒，当他走到半路，停在一个野亭的时候，朋友便把酒拿出来。陶渊明欣然坐下来喝酒，王弘早已隐藏在附近的地方，便在这时候走出来和他相见了。他非常高兴，欢宴穷日，连朋友的地方也忘记去了。王弘看见陶渊明无履，就叫左右为他造履。当王弘的左右请度履的时候，陶渊明便伸出脚来让他们量一量。此后王弘要和他见面的时候，便常常在林泽间等候他。有一次，他的朋友们在煮酒，他们拿他头上的葛巾来漉酒，用完还给他，他又把葛巾着在头上。

他住在庐山之麓，当时庐山有一个著名的禅宗，叫做白莲社，由一位大学者主持。这个领袖想请他加入白莲社，有一天便请他赴宴，他所提出的条件是可以在席上喝酒。这种行为是违犯佛教的条规的，可是主人答应了。当他刚要签字正式入社的时候，他却“攒眉而去”了。大诗人谢灵运很想加入这个白莲社，可是找不到门路。那位法师还想跟陶渊明做朋友，所以有一天便请他和另一位道家的朋友一起喝酒。他们一共三个人：那位法师代表佛教，陶渊明代表儒教，那位朋友代表道教。那位法师曾立誓终生不走过某一座桥，可是有一天当他和那位朋友送陶渊明回家时，他们谈得非常高兴，不知不觉都走过了桥。三人知道的时候，不禁大笑。这三位大笑的老人后来成为中国绘画上的常用题材，因为这个故事象征着三位无忧无虑的智者的欢乐，象征着在幽默感中团结一致的三个宗教的代表人物的欢乐。

他就这样过着一生，做一个无忧无虑的、心地坦白的、谦逊的田园诗人，做一个智慧而快活的老人。可是在他那部关于喝酒和田园生活的小诗集，三四篇偶然写出来的文章，一封给他儿子的信，三篇祭文（其中有一篇是自祭文）和遗留给后代子孙的一些话里，我们看见一种造成和谐的生活的情感与天才；这种和谐的生活已经达到完全自然的境地，没有一个人能超越他。他在《归去来兮辞》里所表现的就是这种酷爱人生的情感。

阅读材料

为你自己高兴

◎刘心武

朋友小凌自幼双腿萎瘫，在一家印制包装纸的福利工厂工作，业余爱看文学书，常到我家来借。我有一天就对他说：“你怎么不立个大志向，发奋写作，也成个作家？”我自然举出了中外古今一些例子，又借给他《三月风》，激励他登上“维纳斯星座”。当时他没说什么，过些天来还书，他告诉我：“我没有写作的天分，我就这样当个读者挺好。”临告别时便笑着说：“我活得挺自在。我为自己高兴。”

上个星期天我在大街上看见了他，他骑着电动三轮车，后座上是也有残疾的妻子，搂着他们完全健康的小女儿，三个人脸颊都红喷喷的，说是刚从北京游乐园玩完回来。真的，他们全家都为自己高兴，那是人生中最扎实最醇厚的快乐！

为自己高兴吧！我为什么不完美？——别钻那牛角尖。要是别人问，你为什么不如何如何，那么，让我们都像小凌那样，坦然无愧地看待自己，珍爱、享受平凡而实在的人生！

一个作家朋友得了个奖，却很不高兴。为什么？因为有人问：为什么只是个地区奖，而不是全国奖？如果他得了全国奖，那么又可以问：为什么不是最高奖？如果是最高奖，那么又可以问：为什么国际上没得奖？如果国际上得了奖，那么还可以问：为什么不是诺贝尔文学奖呢？倘真的得了诺贝尔文学奖，也仍然可以极为好心地、激励他向上地、不问白不问地问他：怎么你得奖后反倒写得不那么多，而且，怎么写出的作品倒不如以前的好，怎么就没有新的突破了呢？……这样一路问下去，会有什么样的结果呢？也许会有正面的例子，但我举不出来，我只知道美国海明威和日本川端康成都是在获得诺贝尔文学奖不久后自杀身亡，也许那自杀的心理因素非常复杂，但一些评论家讥讽海明威的“江郎才尽”，社会舆论对川端康成达到至美至丰境界的高于富士山的期盼压力，很可能是那诸多因素中相当重要的一种。

不要为自己树立高不可及的标杆，更不要被别人往往确实是出于好心好意的刺激而陷入自卑自怨自责自苦的泥潭！

开电梯的小倪有一天刚从发廊理完发来上班，楼里乘电梯的人们都说她这下更像电视里出现过的某位歌星了，说一次也罢，后来有的人确实出于好心，出于善意，往往也是出于无聊，出于没话找话，更有出于起哄的，便不断地用这类话来激小倪，比如你为什么就不去试试，也当个歌星，也上上电视呀；你为什么就甘心窝在这小笼子里呀；你这么好的相貌这么活泼的性格，为什么不起码去当个广告模特儿呀……有一天，众人正在电梯里哄着，小倪就高声宣布说："你们说的那位，顶多算个三流歌星，我可是个一流的电梯工！不是我像她，是她长得像我！"说完哈哈大笑起来，小倪在为自己高兴。她高兴自己的工作，自己的平凡，自己的不必上电视，自己的适得其所，自己的不为他人左右……

是的，要为你自己高兴，你的个子最适合于你，你的相貌为你所独有，你的身体状况即使不佳，即使有残，那也无碍你内心的自尊与自爱，因为你在诚实地生活，在认真地工作，在挣得你应得的一份，在享受社会应为你提供的那一份快乐。在每天晚上问心无愧地安睡，你每天清晨兴致勃勃地迎接又一个平凡而充实的日子……是的，你不一定要成为维纳斯，不一定升为星座，但你可以尽情欣赏"维纳斯星座"；你不一定要出现在电视上，但你在生活中完全可以拥有比那更多的乐趣……

争取不凡诚然可敬可佩，然而甘于结结实实的平凡，如小凌，如小倪，则更可爱可羡……这个世界很大，机会确实很多，然而这个世界也很小，机遇又极为难得。我们应在奋力进取与适可而止之间取得一种平衡。我们要懂得这个世界不单是为不平凡的人而存在的，恰恰相反，这个世界主要是为平凡的人而存活。

为你自己高兴，因为你的努力奋进已取得了一些成果；为你自己高兴，因为你能够如现在这样也真是挺不错；为你自己高兴，因为你不为自己设置徒添烦恼的标杆，更不受他人那出于好意而设置的缥缈标杆而蛊惑；为你自己高兴，为你那平凡而充实的、问心无愧的存在而高兴！

阅读材料

愿生生世世为矮人

◎[菲律宾]罗慕洛

有一次，在巴黎举行的联合国会议席间，我和苏联代表团团长维辛斯基激辩。我讥讽他提出的建议是“开玩笑”。突然之间，维辛斯基把他所有轻蔑别人的天赋都向我发挥出来。他说：“你不过是个小国家的小人罢了。”

在他看来，这就是辩论了。我的国家和他的国家相比，不过是地图上一点而已。我自己穿了鞋子，身高只有1.63米。

即使在我家中，我也是矮子。我的四个儿子全比我高七八厘米。就是我的太太穿高跟鞋的时候，也要比我高寸把。我们婚后，有一次她接受访问，曾谦虚地说：“我情愿躲在我丈夫的影子里，沾他的光。”一个熟朋友就打趣地说，这样的话，就没有多少地方好躲了。

我身材矮小，和鼎鼎大名的人物在一起，常常特别惹人注意。第二次世界大战期间，我是麦克阿瑟将军的副官，他比我高20厘米。那次登陆雷伊泰岛，我们一同上岸，新闻报道说：“麦克阿瑟将军在深及腰部的水中走上了岸，罗慕洛将军和他一起。”一位专栏作家立即拍电报调查真相。他认为如果水深到麦克阿瑟将军的腰部，我就要被淹死了。

我一生当中，常常想到高矮的问题。我但愿生生世世都做矮子。

这句话可能会使你诧异。许多矮子都因为身材而自惭形秽。

我得承认，年轻的时候也穿过高底鞋。但用这个法子把身材加高实在不舒服。并不是身体上的，而是精神上的不舒服。这种鞋子使我感到，我在自欺欺人，于是我再也不穿了。

其实这种鞋子剥夺了我天赋的一大便宜。因为：矮小的人起初总是被人轻视，后来，他有了表现，别人就觉得出乎意料，不由得不佩服起来，在他们心目中，他的成就就格外出色。

有一年我在哥伦比亚大学参加辩论小组，初次明白了这个道理。我因为矮小，所以样子不像大学生，就像小学生。一开始，听众就为我鼓掌助威。在他们看来，我已经居于下风，大多数人都喜欢看居下风的人得胜。

我一生的遭遇都是如此。平平常常的事经我一做，往往就似乎成了惊天动地之举，因为大家对我毫不寄以希望。

1945 年，联合国创立会议在旧金山举行，我以无足轻重的菲律宾代表团团长身份，应邀发表演说。讲台差不多和我一样高。等到大家静下来，我庄严地说出这一句话：“我们就把这个会场当作最后的战场吧。”全场登时寂然，接着爆发出一阵掌声。我放弃了预先准备好的演讲稿，畅所欲言，思如泉涌。后来，我在报上看到当时我说的这样一段话：“维护尊严，言辞和思想比枪炮更有力量……唯一牢不可破的防线是互助互谅的防线！”

这些话如果是大个子说的，听众可能客客气气地鼓一下掌。但菲律宾那时离独立还有一年，我又是矮子，由我来说，就有意想不到的效果。从那天起，小小的菲律宾在联合国大会中就被各国当作资格十足的国家了。

矮子还占一种便宜：通常都特别会交朋友。人家总想卫护我们，容易对我们推心置腹。大多数的矮子早年就都懂得：友谊和筋骨健硕，力量一样强大。

早在 1935 年，大多数的美国人还不知道我这个人，那时我应邀到圣母大学接受荣誉学位，并且发表演说。那天罗斯福总统也是演讲人。事后他笑吟吟地怪我“抢了美国总统的风头”。

我相信，身材矮小的人往往比高大的人富有“人情味”而更平易近人。他们从小就知道自视绝不可太高。身材魁梧的人态度矜持，别人会说他有“威仪”。但是矮小的人摆出这种架子来，人家就要说他“自大”了。

矮子如果稍有自知之明，很早就会明白脾气是不好随便乱发的。大个子发脾气，可能声势汹汹。矮子就只像在乱吵乱闹了。

一个人有没有用，和个子大小无关。反之，身材矮小可能真有好处。历史上许多伟大的人物都是矮子。贝多芬和纳尔逊都只有 1.63 米高，但是他们和只有 1.52 米高的英国诗人济慈及哲学大师康德相比，已经算高大的了。

当然，还有一位最著名的矮子是拿破仑。好些心理学家说，历史上之所以有拿破仑时代，完全是拿破仑的身材作祟。他们说，他因为矮小，所以要世人承认他真正是非常伟大的人物，失之东隅，借此收之桑榆。

本文一开始，我就提到苏联代表维辛斯基因为我胆敢批评他的国家而出言相讥的事。我不喜欢别人以为我是任凭他侮辱矮子，而不加反驳。他一说完，我就跳起身来，告诉联合国大会的代表说，维辛斯基对我的形容是正确的。但是我又说：“此时此地，把真理之石向狂妄的巨人眉心掷去——使他们的行为有些检点，是矮子的责任！”

维辛斯基凶狠地瞪着眼，但是没有再说什么。

和谐的快乐

导　读

优美的音乐旋律产生于音符之间的和谐搭配。如果说社会是由各种具有个性的个体组成的“类”的话，那么，人际关系就是社会关系的主旋律。人与人之间关系的和谐不仅是社会和谐与发展的基础，也是个体心身健康的必要条件。中国古代的一位贤士荀子说：“人力不若牛，走不若马，而牛马为用，何也？曰，人能群，彼不能群也。”可见，团结合作是人优胜于动物之处。俗语常将团结与友爱连称，可见团结合作离不开友爱。友爱就是相互信任，相互理解，相互支持，相互关心。友爱是团结的情感基础。

观察表明，神经症患者对爱的渴求远远多于他自己付出的爱，他们总是抱怨别人不够关爱自己，却从不反思自己有没有对别人付出过关爱。一个正常的人对别人的帮助常心存感激，可是，神经症患者却总以为别人同情和帮助自己是天经地义的。他们不能理解自己的人际关系为什么总不能有所改进，他们也总是把责任归因于别人的卑鄙无耻、不诚不义。

如果说人的本质是社会关系之总和的话，那么，人必然是一种害怕孤独的动物，需要朋友与和谐的人际关系。什么是真正的好朋友？那就是你愿意向他倾诉内心秘密的人；就是为朋友之乐而乐，为朋友之悲而痛的人。朋友是与人为善的君子。获得和谐的人际关系并不是靠请客送礼，吹捧拍马屁，而是靠发现与赞扬别人的优点。良好的人际关系属于那些用放大镜发现别人优点的人，而人际关系恶劣的人总是用显微镜看别人的缺点。

古语说：“与善人交，如入芝兰之室，久而不闻其香；与恶人交，如入鲍鱼之肆，久而不闻其臭。”说明与朋友交往就是一种潜移默化的模仿学习方式。孔子说：“三人行，必有我师焉。”常处在一起的朋友，其性格可能相互潜移默化。善于从别人身上学习和吸收间接经验正是心理健康者的一种能力；而神经症患者朋友少，并不仅仅是因为缺乏交往技巧，还有恐惧别人发现他的软弱和内心秘密的内因。

朋友多好，有好友更难得，但不要因此而丧失自我，成为朋友的附庸或为他人而存在。古语说：“君子之交淡如水。”这的确是一条指导朋友交往的准则。

阅读材料

和谐人生

◎子　敏

一个人所以能够快乐，当然有种种原因。不过，不管那原因是什么，都必须建立在“和谐的人际关系”的基础上，然后真正的快乐才能确立，才能维持长久。

《泰西五十轶事》里，提到英国“笛河”边的一个快乐的磨坊主人。他快乐得整天唱歌。国王问他为什么能够快乐，他的答复是：他喜欢他的工作，喜欢工作的环境，喜欢那条河，喜欢他的家庭；一句话，他喜欢“他就是他”。这是一种“知足常乐”的人生哲学。

“知足常乐”是很好的人生哲学，对安分的笛河磨坊主人很适用，对奋发有为的事业家也很适用，因为这种哲学能使他在遭遇失败的时候不气馁。

不过，我注意到一件细微的事情：如果那磨坊主人跟太太吵了架，或者跟邻居不和睦，他的情绪就会相当低落。尽管他打起精神来唱歌，那歌声必定会带着点儿悲愤意味，使他那“知足常乐”的人生哲学发生动摇。他给人的印象，必定是“知足而不乐”。可见“人际关系和谐”多么重要！

我有理由相信，他的“知足常乐”人生哲学所以能发出光辉，主要的原因是：他那哲学是建立在“他跟周围的人相处得非常和谐”的基础上。

陶渊明是一个“回到自然”的杰出诗人，也就是通常我们所说的“与自然相处得非常和谐”的人。不过我注意到，陶渊明对生活在田园间的淳朴村民，态度非常友善亲切，彼此相处十分和谐。他所躲避的只是“某一种环境”，并不是“所有的人”。

如果陶渊明因为附近人家的狗咬了他家里养的鸡，气愤起来，跟村人吵了一架，那么，恐怕就写不出“狗吠深巷中，鸡鸣桑树颠”那样生动有味的句子来了；那么，他就会觉得“回到自然”并不是一件十分愉快的事，宁愿再回到彭泽县的住所去了。

一个人，不管他有多高明的人生哲学，不管他有多大的成就，如果他跟周围的人相处不来，如果他的“人际关系”非常恶劣，那么他就不可能有真正的快乐。

宇宙间天体的运行，是一个最佳的例子。我们现在所能看到的星球，都是已经达成“和谐关系”的星球。那些互撞的、摩擦的，早就已经消减，就像贾宝玉所说的，化成灰了。我常常认为天上的星球是快乐的，因为它们“存在”在一个和谐的宇宙里。

有一次，我在电影里看到一个美国“父亲”伸手搂着他儿子的肩膀，很亲切地说：“我们是朋友，对不对?”

我们中国人的观念里，朋友是“五伦”之一，是“人跟人之间的一种关系”。如果把“父子关系”说成“朋友关系”，显然是弄错了“伦”，是“不伦不类”的了。但是在“英语世界”里“朋友”是人跟人之间的一种“最和谐的关系”。父子之间能达到那种“最和谐的关系”，当然他们是“朋友”了；如果达不到那种和谐的关系，那么他们就只不过是“父子”罢了。

比较两种略微不同的语意，并不是我的目的。我想说的是：人跟人的关系如果是很“和谐”的，说会产生一种快乐。这种快乐，对一向无法脱离社会生活的人类来说，几乎是其他一切快乐的基础。

要达到人际关系的和谐，并不是一件很难的事情，关键全在一个人“对人的态度”上。凡是能够重视别人的优点的人，他的人际关系通常都是良好的；人际关系恶劣的，通常都是那些重视别人的缺点的人。

你所遇到的人，不可能就成为你的朋友，除非你“抓到了他的优点”。你所遇到的人，很可能一下子就成为你的敌人，要是你很介意他的缺点的话。

有一个朋友跟我提到过一个实例。有个司马先生，天生属于“没有一个人不讨厌他”那一型。跟他接触过的人，都认为他“整个人充满了叫人无法忍受的缺点”。大家认为他傲慢、粗暴、自私、固执。可是这个“没有朋友的人”，却真挚地喜欢一个司徒先生，原因是司徒先生对司马先生的“炒得一手好牛肉”非常激赏。结果当然是：司马先生常常“像一个好太太似的”，把司徒先生请到宿舍里去，吃他亲手炒的牛肉。

司马先生费时间、费精神，一次又一次地炒牛肉给司徒先生吃。他们两个人一见面就谈“炒牛肉”，成为一对亲热的“牛肉朋友”。

对其他人来说，他们的世界里“存在”着一个“令人讨厌的司马先生”。可是对司徒先生来说，他的世界里并没有那样的一个人。他的世界里所“有”的，是一个“精通炒牛肉的司马兄”。司徒先生的世界，比别人的世界美得多。

一个懂得跟人和谐相处的人，总是把他周围所有的人优点拿来织成一幅“快乐人间图”。一个不懂得跟人和谐相处的人，正好相反，他把他周围所有人的缺点，拿来织成一幅“人间地狱图”。

以容忍的态度跟人和平相处，稍微带点儿消极的意味，那不能算是真正的“和谐”。真正的和谐是你能“生活在别人的优点里”，自自然然的，不带一点勉强的意味。

在我年轻的时候，有一年，我们租了一位六十岁华侨的楼房二楼做我们的住家。他老人家很严肃，很难惹，对房客限制很多。父亲劝我们行动要谨慎，不能得罪严格的房东，免得惹他下令搬家。父亲很喜欢那个干干净净的环境。

我们下楼出门，一定要经过房东的客厅。我看他每天拿着一张报纸，很仔细地读，态度非常严肃。因为有父亲的嘱咐，我不敢去惹他，总是轻轻地、匆匆地从他面前溜出门去。好几次，我回家的时候，听见他对父亲训话：孩子不可以这样，孩子不可以那样。

有一天，我回家，正好他看完报纸站起来，跟我面对面站着。我不能不想一句话跟他招呼招呼。结果我想出来的，也很自然的，是：“今天有什么消息?”

“哪一方面的?”他说。

“战事。”我“任选”了一样。

他指一指对面的椅子，要我坐下，然后他，几乎可以这么说，把整张报纸的内容都告诉了我。我等于听了整整五十分钟的新闻报道。

友谊就是这么建立起来的。那相当“无情”的环境也改变了。我们的关系是和谐的：他说报纸，我听报纸。他本来是孤孤单单一个人，所以他“不喜欢”孩子。现在他有“孩子”了，就不再喜欢“孤单”了。

快乐人生需要种种条件，但是绝对不能缺少和谐的人际关系。我似乎已经得到一个结论：不要对任何人起恶意，应该对所有的人怀善心。这是林肯说的。

阅读材料

谈交友

◎朱光潜

人生的快乐有一大半要建筑在人与人的关系上面。只要人与人的关系调处得好，生活没有不快乐的。许多人感觉生活苦恼，原因大半在没有把人与人的关系调处适宜。这人与人的关系在我国向称为“人伦”。在人伦中先儒指出五个最重要的，就是君臣、父子、夫妇、兄弟、朋友。这五伦之中，父子、夫妇、兄弟起于家庭，君臣和朋友起于国家社会。先儒谈伦理修养，大半在五伦上做工夫，以为五伦上面如果无亏缺，个人修养固然到了极境，家庭和国家社会也就自然稳固了。五伦之中，朋友一伦的地位很特别，它不像其他四伦都有法律的基础，它起于自由的结合，没有法律的力量维系它或是限定它，它的唯一的基础是友爱与信义。但是它的重要性并不因此减少。如果我们把人与人之间的好感称为友谊，则无论是君臣、父子、夫妇或是兄弟之中，都绝对不能没有友谊。就字源说，在中西文里“友”字都含有“爱”的意义。无爱不成友，无爱也不成君臣、父子、夫妇或兄弟。换句话说，无论哪一伦，都非有朋友的要素不可，朋友是一切人伦的基础。懂得处友，就懂得处人；懂得处人，就懂得做人。一个人在处友方面如果有亏缺，他的生活不但不能是快乐的，而且也绝不能是善的。

谁都知道，有真正的好朋友是人生一件乐事。人是社会的动物，生来就有同情心，生来也就需要同情心。读一篇好诗文，看一片好风景，没有一个人在身旁可以告诉他说："这真好呀!"心里就觉得美中有不足。遇到一件大喜事，没有人和你同喜，你的欢喜就要减少七八分；遇到一件大灾难，没有人和你同悲，你的悲痛就增加七八分。孤零零一个人不能唱歌，不能说笑话，不能打球，不能跳舞，不能闹架拌嘴。总之，什么开心的事也不能做。世界最酷毒的刑罚要算幽禁和充军，逼得你和你所常接近的人们分开，让你尝无亲无友那种孤寂的风味。人必须接近人，你如果不信，请你闭关独居十天半个月，再走到十字街头在人丛中挤一挤，你心里会感到说不出的快慰，仿佛过了一次大瘾，虽然街上那些行人在平时没有一个让你瞧得上眼。人是一种怪物，自己是一个人，却要显得瞧不起人，要孤高自赏，要闭门谢客，要把心里所想的看成神妙不可言说，"不可与俗人道"，其实隐意识里面唯恐人不注意自己，不知道自己，不赞赏自己。世间最欢喜守秘密的人往往也是最不能守秘密的人。他们对你说："我告诉你，你却不要告诉人。"他不能不告诉你，却忘记你也不能不告诉人。这所谓"不能"实在出于天性中一种极大的压迫力。人需要朋友，如同人需要泄露秘密，都由于天性中一种压迫力在驱遣。它是一种精神上的饥渴，不满足就可能威胁到生命的健全。

谁也都知道，朋友对于性格形成的影响非常重大。一个人的好坏，朋友熏染的力量要居大半。既看重一个人把他当作真心朋友，他就变成一种受崇拜的英雄，他的一言一笑，一举一动都在有意无意之间变成自己的模范，他的性格就逐渐有几分变成自己的性格。同时，他也变成自己的裁判者，自己的一言一笑，一举一动，都要顾到他的赞许或非难。一个人可以蔑视一切人的毁誉，却不能不求见谅于知己。每个人身旁有一个“圈子”，这圈子就是他所常亲近的人围成的，他跳来跳去，常跳不出这圈子。在某一种圈子就成为某一种人。圣贤有道，盗亦有道。隔着圈子相视，尧可非桀，桀亦可非尧。究竟谁是谁非，责任往往不在个人而在他所在的圈子。古人说：“与善人交，如入芝兰之室，久而不闻其香；与恶人交，如入鲍鱼之肆，久而不闻其臭。”久闻之后，香可以变成寻常，臭也可以变成寻常，习而安之，就不觉其为香为臭。一个人应该谨慎择友，择他所在的圈子，道理就在此。人是善于模仿的，模仿品的好坏，全看模型的好坏。有如素丝，染于青则青，染于黄则黄。“告诉我谁是你的朋友，我就知道你是怎样的一种人。”这句西谚确是经验之谈。《学记》论教育，一则曰“七年视论学取友”，再则曰“相观而善之谓摩”。从孔孟以来，中国士林向奉尊师敬友为立身治学的要道。这都是深有见于朋友的影响重大。师弟向不列于五伦，实包括于朋友一伦里面，师与友是不能分开的。

许叔重说文解字谓“同志为友”。就大体说，交友的原则是“同声相应，同气相求”。但是绝对相同在理论与事实都是不可能。“人心不同，各如其面”，这不同亦正有它的作用。朋友的乐趣在相同中容易见出；朋友的益处却往往在相异处才能得到。古人尝拿“如切如磋，如琢如磨”来譬喻朋友的交互影响。这譬喻实在是很恰当。玉石有瑕疵棱角，用一种器具来切磋琢磨它，它才能圆融光润，才能“成器”。人的性格也难免有瑕疵棱角，如私心、成见、骄矜、暴躁、愚昧、顽恶之类，要多受切磋琢磨，才能洗刷净尽，达到玉润珠圆的境界。朋友便是切磋琢磨的利器，与自己愈不同，摩擦愈多，切磋琢磨的影响也就愈大。这影响在学问思想方面最容易见出。一个人多和异己的朋友讨论，会逐渐发现自己的学说不圆满处，对方的学说有可取处，逼得不得不作进一层的思考，这样对于学问才能鞭辟入里。在朋友互相切磋中，一方面被“磨”，一方面也在受滋养。一个人被“磨”的方面愈多，吸收外来的滋养也就愈丰富。孔子论益友，所以特重直谅多闻。一个不能有诤友的人永远是愚昧而好自用，在道德学问上都不会有很大的成就。

好朋友在我国语文里向来叫做“知心”或“知己”。“知交”也是一个习惯的名词。这个语言的习惯颇含有深长的意味。从心理观点看，求见知于人是一种社会本能，有这本能，人与人才可以免除隔阂，打成一片，社会才能成立。它是社会生命所借以维持的，犹如食色本能是个人与种族生命所借以维持的，所以它与食色本能同样强烈。古人尝以一死报知己，钟子期死后，伯牙不复鼓琴。这种行为在一般人看似近于过激，其实是由于极强烈的社会本能在驱遣。其次，从伦理哲学观点看，知人是处人的基础，而知人却极不易，因为深刻的了解必基于深刻的同情。深刻的同情只在真挚的朋友中才常发现。对于一个人有深交，你才能真正知道他。了解与同情是互为因果的。你对于一个人愈同情，就愈能了解他；你愈了解他，也就愈同情他。法国人有一句成语说：“了解一切，就是宽容一切。”（Tout comprendre，C’est tout pardonner.）这句话说来像很容易，却是人生的最高智慧，需要极伟大的胸襟才能做到。古今有这种胸襟的只有几个大宗教家，像释迦牟尼和耶稣，有这种胸襟才能谈到大慈大悲；没有它，任何宗教都没有灵魂。修养这种胸怀的捷径是多与人做真正的好朋友，多与人推心置腹，从对于一部分人得到深刻的了解，做到对于一般人类起深厚的同情。从这方面看，交友的范围宜稍宽泛，各种人都有最好，不必限于自己同行同趣味的。蒙田在他的论文里提出一个很奇怪的主张，以为一个人只能有一个真正的朋友，我对这主张很怀疑。

交友是一件寻常事，人人都有朋友；交友却也不是一件易事，很少人有真正的朋友。势力之交固容易破裂，就是道义之交也有时不免闹意气之争。王安石与司马光、苏轼、程颢诸人在政治和学术上的倾轧便是好例。他们个个都是好人，彼此互有相当的友谊，而结果闹成和市俗人一般的翻云覆雨。交友之难，从此可见。从前人谈交友的话说得很多。例如"朋友有信"，"久而敬之"，"君子之交淡如水"，视朋友须如自己，要急难相助，须知护友之短，像孔子不假盖于悭吝的朋友；要劝着规过，但"不可则止，无自辱焉"。这些话都是说起来颇容易，做起来颇难。许多人都懂得这些道理，但是很少人真正会和人做朋友。

孔子尝劝人"无友不如己者"，这话使我很彷徨不安。你不如我，我不和你做朋友；要我和你做朋友，就要你胜似我，这样我才能得益。但是这算盘我会打你也就会打，如果你也这么说，你我之间不就没有做朋友的可能么？柏拉图写过一篇谈友谊的对话，另有一番奇妙议论。依他看，善人无须有朋友，恶人不能有朋友，善恶混杂的人才或许需要善人为友来消除他的恶，恶去了，友的需要也就随之消灭。这话显然与孔子的话有些抵牾。谁是谁非，我至今不能断定，但是我因此想到朋友之中，人我的比较是一个重要问题，而这问题又与善恶问题密切相关。我从前研究美学上的欣赏与创造问题，得到一个和常识不相同的结论，就是：欣赏与创造根本难分，每人所欣赏的世界就是每人所创造的世界，就是他自己的情趣和性格的返照；你在世界中能"取"多少，就看你在你的性灵中能提出多少"予"它，物我之中有一种生命的交流，深人所见于物者深，浅人所见于物者浅。现在我思索这比较实际的交友问题，觉得它与欣赏艺术自然的道理颇可暗合默契。你自己是什么样的人，就会得到什么样的朋友。人类心灵常交感迴流。你拿一分真心待人，人也就会拿一分真心待你，你所"取"如何，就看你所"予"如何。"爱人者人恒爱之，敬人者人恒敬之”。人不爱你敬你，就显得你自己有亏缺。你不必责人，先须返求诸己。不但在情感方面如此，在性格方面也都是如此。友必同心，所谓“同心”是指性灵同在一个水准上。如果你我在性灵上有高低，我高就须感化你，把你提高到同样水准；你高也是如此，否则友谊就难成立。朋友往往是测量自己的一种最精确的尺度，你自己如果不是一个好朋友，就决不能希望得到一个好朋友。要是好朋友，自己须先是一个好人。我很相信柏拉图的“恶人不能有朋友”的那一句话。恶人可以做好朋友时，他在其他方面尽管是坏，在能为好朋友一点上就可证明他还有人性，还不是一个绝对的恶人。说来说去，“同声相应，同气相求”那句老话还是真的，何以交友的道理在此，如何交友的方法也在此。交友和一般行为一样，我们应该常牢记在心的是“责己宜严，责人宜宽”。

阅读材料

论友谊

◎[英]培　根

亚里士多德曾说：喜欢孤独的人不是野兽便是神灵。没有比这句话更把真理与谬误混为一谈了。如果一个人脱离社会，甘愿遁入山林与野兽为侣，这也许表明他的确有几分兽性。那么在他身上恐怕是并不能找到什么神性的。除非这样做的目的，是要到社会之外去寻求一种更高尚的生活，就像古代克利特的诗人埃辟门笛斯、罗马传奇性的皇帝诺曼、哲学家埃辟克拉斯、毕达格拉斯的信徒阿波罗尼斯那样。

友谊对人生是不可缺少的。群氓并非伴侣。如果没有友情，生活就不会有悦耳的和音。在没有友谊和仁爱的人群中生活，那种苦闷正犹如一句古代拉丁谚语所说：“一座城市如同一片旷野。”人们的面目淡如一张图案，人们的语言则不过是一片噪音。

由此可以看出，人与人的友情对人生是何等重要。得不到友谊的人将是终生可怜的孤独者。没有友情的社会则只是一片繁华的沙漠。因此那种乐于孤独的人，其性格不是属于人而是属于兽的。

当你遭遇挫折而感到愤闷抑郁的时候，向知心挚友的一席倾诉可以使你得到疏导。否则这种积郁会使人致病。医学告诉我们，“沙沙帕拉”可以理通肝气；磁铁粉可以理通脾气；杏仁可以理通肺气；海狸胶可以治疗头昏。然而除了一个知心挚友以外，却没有任何一种药物可以治疗心病。只有对于朋友，你才可以尽情倾诉你的忧愁与欢乐、恐惧与希望、猜疑与烦恼。总之，那沉重地压在你心头的一切，通过友谊的肩头而被分担了。

正因为如此，甚至连许多高高在上的君王也不能没有友谊。以至许多人竟宁愿降贵屈尊地追求它。

本来君王是不能享受友谊的。因为友谊的基本条件是平等，而君王与臣民的地位却是悬殊的。于是许多君王便不得不把他所宠爱的人擢升为“宠臣”或“近侍”，以便能与他们亲近。罗马人称这种人为“君王的分忧者”，这种称呼恰如其分地道出了他们的作用。实际上，不仅那些性格脆弱敏感的君王曾这样做，就连许多性格坚毅、智勇过人的君王，也不能不在他的臣属中选择朋友。而为了结成这种关系，他们是需要尽量地忘记自己原来的高贵身份的。

罗马的大独裁者苏拉曾与庞培结交，以至竟容忍了庞培言语上的冒犯。庞培曾夸口说：“崇拜朝阳的人自然多于崇拜落日的人。”伟大的凯撒大帝也曾经与布鲁图斯结为密友，并把他立为继承人之一，结果这人成为诱使凯撒堕入圈套而被谋杀的人。难怪西塞罗后来引用安东尼的话，把布鲁图斯称作“巫师”，仿佛他诱惑凯撒的魅力是来自一种妖术似的。

奥古斯都大帝擢拔了出身卑微的阿格里巴（把他的侄女嫁给他，但他后来却抛弃了她）。当提比留斯皇帝统治罗马时，他是那样重用他的部下斯杰纳。在一封信中他竟表示：“我你之间没有不能诉说的秘密。”为了他们的友谊，元老院还造了一座祭坛以示祝福和纪念。另一个罗马君王塞纳留斯与他的部下普罗丁的友谊更是密切，不仅与他结成儿女亲家，而且在给元老院的诏书中竟说：“我推荐他，并祝福他死于我后。”假如这些君王属于图拉真或奥瑞留斯那种类型，那么我们可以把上述表现解释为多情和善良。但实际上这些人都具有意志刚强和自尊好强的性格。然而正是他们，认为友谊乃是如此地不可缺少，以至尽管他们有妻子儿女和各种亲属，却仍然认为这些不足以替代朋友之间的友情。

法兰西历史学家科梅尼曾深入观察过他的君主查理公爵。他说查理公爵从不愿拿自己的重大事件与他人商讨。科梅尼说：这种独往独来的性格损害了他的事业。但如果科梅尼敢于评论的话，他后来所服侍的另一位君主路易十一就更是这样一个人。而这种孤独无侣也正是路易十一一生的克星。

毕达哥拉斯曾说过一句神秘的格言——“不要啃掉自己的心”。确实，如果将这句比喻讲得明白一些，那么就可以说，那些没有朋友的人，就是自己啃啮自己心灵的人。实际上，友谊的奇特作用是：如果你把快乐告诉一个朋友，你将得到两个快乐；而如果你把忧愁向一个朋友倾吐，你将被分掉一半忧愁。所以友谊对于人生，真像炼金术士所要寻找的那种“点金石”。它既能使黄金加倍，又能使黑铁化金。实际上，这也是一种很自然的规律。在自然界中，物质通过结合可以得到增强。而人与人之间难道不也正可以如此吗？

如果以上所说已证明友谊能够调剂人的感情的话，那么友谊的另一种作用则是能增进人的智慧。因为友谊不但能使人摆脱暴风骤雨的感情而走向阳光明媚的晴空，而且能使人摆脱黑暗混乱的胡思乱想而走入光明与理智的思考。这不仅是因为一个朋友能给你提出忠告，而且任何一种平心静气的讨论都能把搅扰着你心头的一团乱麻整理得井然有序。当人把一种设想用语言表达出来的时候，他也就渐渐看到了它们可能招来的后果。有人曾对波斯王说："思想是卷着的绣毯，而语言则是打开的绣毯。"所以有时与朋友做一小时的促膝交谈可以比一整天的苦思冥想更能使人聪明。

其实即使没有一个能对你提出忠告的朋友，人也可以通过语言的交流而增长见识。讨论犹如砺石，思想好比锋刃。两相砥砺将使思想更加锐利。对一个人来说，与其把一种想法紧锁在心头，倒不如哪怕把它倾吐给一座雕像，也比闷在心里好。

赫拉克利特曾说过："初始之光最亮。"(Dry Light is ever the best.) 但实际上，一个人自身所发生的理智之光，是往往受到感情、习惯、偏见的影响而不那么明亮的。俗话说："人总是乐于把最大的奉承留给自己"，而友人的逆耳忠言却恰好治疗这个毛病。朋友之间可以从两个方面提出忠告，一是关于品行的，一是关于事业的。

最能使人心灵健全的莫过于朋友的良言忠告。阅读伦理的教条不免感觉枯燥。以他人的过失为鉴戒有时也未必切合自身的实际。自我改善的最好办法莫过于朋友的告诫。事实上许多人(包括伟人) 之所以做出终身悔恨之事，就是由于他们身边缺乏益友。所以正如圣雅各说的"虽然照了镜子，却看不清自己的嘴脸"。

就事而言，也有人认为两双眼睛所看到的未必比一双眼睛见到的更多，或者以为一个发怒的人未必没有一个沉默的人聪明，或者以为毛瑟枪不论托在自己的肩上放，还是支在一个支架上放会打得一样准——总之，认为有没有别人的帮助结果都一样。但这些话其实只是十分骄傲而愚蠢的说法。最有益于事业的无过于忠告。在听取意见的时候，有人喜欢一会儿问问这个人，一会儿又问问那个人。这当然比不问任何人好。但也要注意，在这种情况下会有两种危险：一是这种零敲碎打来的意见可能是一些不负责任的看法，因为最好的忠告只能来自诚实而公正的友人；另外这些不同源泉的意见还可能会互相矛盾，使你莫衷一是，不知所从。比如你有病求医，一位医生虽会治这种病却不了解你的身体情况，结果服了他的药病虽然好了，却可能从另外的方面损害了你的健康，虽然治了病也伤了人。所以最可靠的忠告，也还是只能来自最了解你事业情况的友人。

友谊对于人除了以上所说这些益处以外，还有许多其他方面的益处，多得如同一个石榴上的果仁，难以一一细数。如果一定要说的话，那么只能这样来说：只要你想想一个人一生中有多少事务是不能靠自己去做的，就可以知道友谊有多少种益处了。因此古人说：朋友就是人的第二个“我”。但这句话的分量其实还不够，因为朋友并不仅是另一个自我。

人生是有限的。有多少事情人来不及做完就死去了。但如果有一位知心的挚友，人就可以安心瞑目，因为他将能承担你未做完的事业。因此一个好朋友实际上可以使你获得又一次生命。人生中又有多少事，是一个人由自己出面所不便去办的。比如人为了避免自夸之嫌，因此很难由自己讲述自己的功绩。人的自尊心又使人在许多情况下无法低首下心去恳求别人。但是如果有一个可靠而忠实的朋友，这些事就可很妥当地办到。又比如在儿子面前，你要保持父亲的身份；在妻子面前，你要考虑作为男子汉的体面；在仇敌面前，你要维护自己的尊严。但一个作为第三者的朋友，就可以全然不计较这一切，而就事论事，实事求是地替你出面主持公道。

由此可见，友谊对人生是何等重要。它的好处简直是无穷无尽的。总而言之，当一个人面临危难的时候，如果他平生没有任何可信托的朋友，那么我只能告诉他一句话——他只能自认倒霉了！

苦乐相易

导 读

人并没有永远的快乐，人生总是苦乐相生相随的。无论你地位如何、职业如何、贫富如何，都必有苦有乐。世界上没有只苦不乐的人，也没有只乐不苦的人。苦乐是相互转化的，这是人生的一个辩证法则。明代文学家袁宏道在给他的一位友人的信里说："人有苦必有乐，有极苦必有极乐。知苦之必有乐，故不求乐；知乐之生于苦，故不畏苦。""知苦乐之说者，可以常贫，可以常贱，可以长不死矣。"因此，我们不要只是羡慕别人的快乐，而抱怨自己苦不堪言。人若有真乐，虽至苦亦不能使其不乐。何谓真乐？由兴趣使然而不是因压力或应付所从事的工作与生活。将吃苦看成是一种资本，发掘工作与学习中的真乐才是实现苦乐转化的关键。

"干一行厌一行"，这是不少人的感叹。这是因为他们只看到了别人的快乐，而不知其苦衷所在；只体验了自己的苦恼，而没有发现自己的快乐所致。快乐的大敌是忧郁，《诗经·小雅·无将大车》上说："无思百忧，只自疧兮"；汉代《太平经》上又说"人无忧，故自寿"。可见，忧郁是一种古老的情志疾病。如何止忧？忧郁并不能凭空忘却，止忧法之一是只有从根本上消除忧郁生发的根源，才能使人快乐起来。止忧法之二是劝当事人“与其临渊羡鱼，不如退而结网”（清代李渔），以行动而不是思虑来对付忧虑之事；并且分清忧虑之事的来源与类型，找出解决实际问题的途径与办法，分别加以处置。如对于易处可防的忧虑，应未雨绸缪，事先筹划好对策以静待变，防患于未然；如对于不测之忧，应注意观察预先征兆，尤其是太顺利、太幸运之时更应避免乐极生悲、否伏于泰。客观地看待忧虑比自欺欺人和盲目乐观更好。以积极的行为对付消极的逃避与空想，一次行动胜过千次空想。

在贫穷中发现自己能拥有的，在艰苦朴素中发现自己精神所富有的，在失败中总结自己所领悟的，在失去时想想自己得到的。尝试着对自己的忧虑做出相应的对策。

阅读材料

吃苦，是一种资本

◎肖建荣

会吃苦，是一种资本。说你可怜，你一定没吃过苦，你就不具备这种资本。

只是在影片里见过那被击倒的拳击手，他躺在地上喘着粗气，浑身伤痕累累，嘴角还淌着血，却没有一个人给他送花，为他鼓掌；只是在旅途中看过那赤脚的纤夫，喊着震天动地的号子，弯腰垂首将沉重的纤绳勒进隆起的胸肌……

你充其量只是个旁观者。

没有经历饥饿的历史，你便不知道一粒米的可贵，不知那些被太阳晒黑了皮肤的耕种者的可敬，当然更无从感受饿得头昏眼花或者伸手乞讨的可悲和可怕。终日打着饱嗝的人，除了需要一两根牙签剔剔牙齿，爱心和同情对他们来说都是多余的东西。

没有受过寒流的抽打，你的血液里、你的骨髓中就不能孕育生长出抗争的细胞。你必然十分脆弱、容易发抖、容易胆寒，周身缺少足够的热流和火焰，靠什么温暖爱人冻僵的脸庞和手指？

没有尝过寄人篱下的滋味，听不到风凉话，看不到冷脸，过多的奉承让你长出发育不全的性格。突然某一天，你背靠的大树倒了，你开始失宠，在坑坑洼洼的路上，你绝对不如别人那样行走自如。

苦，可以折磨人，也可以锻炼人。蜜，可以养人，也可以害人。这个道理，近期报上刊载的两篇文章正可佐证：

《中国青年报》驻宁记者在盛夏满含深情地写道：《“火炉”南京：栖身墙下啥滋味？》文中描述了那些进城谋生的农民在蚊虫的叮咬和暑热的烘烤中，夜宿墙下、桥下、树下的艰辛。而农民却说：“日子过得比老家好。”

《金陵时报》一篇专稿报道，武汉市蔡甸区一年仅19岁的姑娘何伶俐，因“考后感到一点信心也没有”，虽考分超过高校录取线7分，却在成绩单下发的前一天悬梁自尽。她是船长的女儿，父母的心肝宝贝，一直泡在蜜罐子里长大。蜜喝多了，竟会这般神经兮兮，这般脆弱。

聪明的日本人，在高度发展的物质文明面前已经洞察了这种病变。据说，为了让大和民族的后代依然保存父辈创业的秉性，不少学校特地建立劳动场所，让孩子们使用锉刀、锄头，目的是学会吃苦。

相比之下，我们这一代未免过于娇嫩了。我们怕风怕雨，怕冷怕热，怕打怕骂，怕受刺激……真可怜啊！

我曾在下班路上看到，有个弹棉花的乡下人家，一个瘦弱的婴儿在母亲背上睡了，两根布带拴住他的身体，他的小头颅像被吹倒的麦穗儿在母亲背上晃呀晃呀，我真替他捏把汗。可没几天竟见他下地跑呀跑呀，一双眼睛很亮很亮，证明他有极强的生命力。

吃苦，会让人的生命力更加强健。

还是狠狠心把自己推到大自然和社会中去吧！在成长的季节，吃苦经历是你成长的养分。以后你就会知道这种养分价值无穷！

阅读材料

贫穷而听着风声也是好的

◎聂作舟

喜爱听风。

贫穷得一无所有，便只能与风相伴，便更爱这位异域知音。多么愿意以一生的时光去拥有它呀。

听尖厉带哨的寒风，听绵绵如歌的暖风，听清凉爽快的夏风，听萧萧瑟瑟的秋风。一年四季都有风听，于我是一种财富。

细细倾听，思绪纷纭，身心震荡，用心灵感知风声是一种无与伦比的美妙。

风里，有一种激荡魂魄的感受，特别是在清月如银的夜晚。

白日，总有喜的风来，悲的风来；喜风告知我生命的辉煌，悲风鞭策我和命运抗争。

深夜，总有香的风来，甜的风来，与我情意融融，互诉激越的情思和无边的遐想。

风来时，伴着美妙而令人痴狂的绵长的跳跃，听它喁喁解说生死的价值与涵义，生命的真谛和永恒。

有清风相伴，这一生该是多么惬意；能倾听到风的低诉，这一生又是何等充实。

风无处不去，容尽天下悲喜事，可谓渊博。

在风里见不到金币，富者不听；在风里见不到丽服，贵者不听；在风里听到了种种声响，贫穷的我爱听。

风里有歌，有泣，有玄奥，有无不能容的佛，有点透禅机的某种暗示。

风是无私的，谁都可以来听，却少有真正、细心的听者。只有贫穷到一无所有的人，才会全神贯注地去倾听，听出激昂，听出美妙，听出爱与恨的哭泣，听出失败与成功的悲喜，听出精灵与宇宙的对歌。

贫穷的我立于天地间，听风。

我贫穷，但是，我有风听呀。

贫穷而听着风声也是好的！

阅读材料

人生小酌

◎蒋金镛

自己把自己说服了，是一种理智的胜利；自己被自己感动了，是一种心灵的升华；自己把自己征服了，是一种人生的成熟。

但凡说服了、感动了、征服了自己的人，就有力量征服一切挫折、痛苦和不幸。

受挫一次，对生活的理解加深一层；失误一次，对人生的醒悟增添一阶；不幸一次，对世间的认识成熟一级；磨难一次，对成功的内涵透彻一遍。从这个意义上来说：要想获得成功和幸福，要想过得快乐和欢欣，首先要把失败、不幸、挫折和痛苦读懂。

有人把自己看作是生活的主角，有人把自己看作是生活的配角，有人把自己看作是生活的观众；而不屈服命运的强者，却把自己看作是生活的编导。

智者的智慧往往在于，他最善于通过生活中的很多能照出自己真实的一切表象的镜子来剖析自己、调整自己、完美自己。例如，知己、爱人、孩子、同事、昨天的自己，都是自己的一面镜子。因为，从这几面镜子中，就可以看到另一个自我，从而去剖析，去自省，去雕塑，去改造，去完善一个崭新的自我。

只有一种死，永远也不代表毁灭，那就是：自落的花，成熟的果，发芽的种，脱壳的笋，落地的叶……

由此可以坚信：英雄的美德在于面对死亡而永远没有失败。

知足常乐

导 读

生活中我们可见，坐拥百万金钱的人还想自杀，而清贫的书生仍可其乐无穷。贪心不足的人永远不可能快乐，而知足者则常乐。可见，快乐感与人所持的价值观密切相关。

不少人口头上可能会同意“知足常乐”这句话，但在民俗中还是处处可见我们的贪心不足。比如拜年时大家都乐作揖“恭喜发财”，选个电话号码争要“888”，要吃“发菜”而使生态破坏……类似的，在官职、名誉等方面也存在着贪欲难填的现象。因为贪心而买官、争斗、失意和痛苦。有古诗讽刺这种世俗的贪婪：“死后空余千载恨，生前谁肯一时休？”（明代王来《自勉》）

焦虑是最常见的神经症表现，而焦虑的背后正是过高的欲望。放弃或降低欲望就可以减轻焦虑。过高的欲望和贪心是等值的，从这个意义上说，反贪不仅是政治，也是修身养性的个人功夫。有人问得好：贪，究竟为了什么？答曰：贪是为了谋取更大的权力、名声、财产。而贪权、贪财、贪名又是为了什么？为了给予后代的庇护。事实上，贪不仅没有好结果，对后代成长也毫无益处。财产虽可以使人富足，但也可使人堕落腐败。因此，知足才可能止欲，止欲才可能心静，心静才能气血平和、身体安康无疾。

贪欲就是不知足，古人亦试图从认知角度来规劝贪心的人。宋代陈录有诗曰：“良田万顷，日食二升，大厦千间，夜卧八尺。”（《善诱文》）这是从量的角度来分析，贪多实在无用。在古时，类似的“醒世歌”很多，唐伯虎的这首最具特色：“昏鼓晨钟，听得咱耳聋。春燕秋鸿，看得咱眼朦。犹记做孩童，俄然成老翁。休逞英雄，都归黄土中，算来不如闲打哄，枉自把机关弄。跳出面糊盆，打破酸虀瓮。谁是惺惺谁懵懂。”这是从向死而生的角度来劝告的。

人即使过了半生才明知足常乐之理亦不为迟。且听清代有《半半歌》唱道：“看破浮生过半，半之受用无边。半中岁月尽幽闲，半里乾坤宽展。”（《颐人奇谈》）不要希望十全十美，风光便宜尽占，即使百年苦乐参半、忧喜各半也就应知足了。

明代学人李贽说得好：“富莫富于长知足，贵莫贵于能脱俗；贫莫贫于无见识，贱莫贱于无骨力。”精神的富有才是真的富有。学会选择，有所不为与有所为同样是一种知足之乐。

阅读材料

选择的遗憾

◎欧阳斌

人生就是由一连串的遗憾组成的。在生命的每一个路口，做出了没有遗憾的一种选择，就造成了没有被选择的多种遗憾。生命之树的枝叶朝一个方向伸展时，就有了不朝别一个方向伸展的遗憾。人生众相各有不同，也就有不同遗憾的结果。每一种遗憾都意味着另一种可能，而每一种可能又都意味着带来新的遗憾。似乎可以说，生命离不开遗憾。

生活的艺术就是舍弃的艺术。

舍弃就是坚决地“不干什么”。在某种意义上说，它甚至比“干什么”更为重要。

现代社会充满了眼花缭乱的诱惑，到处都是机会，什么都要选择。如果没有抗拒各种诱惑的勇气，就容易在机会面前做出偏离主导目标的选择，从而使有限的人生难以发挥“聚焦效应”，怅然留下遗憾。

什么都不愿意舍弃的人，结果是对生命的最大舍弃。为了使生命价值得到最大限度的实现，在需要舍弃之时，应当果断地舍弃。

学会扬弃，不断地把那些无用的、少用的东西清除掉。不断地扬弃思想的废物，让思想变得简洁而清晰；不断地扬弃收藏的赘品，让所有的收藏都保持一个明确的主题。不会扬弃的人，总有一天要被自己制造的垃圾吞噬。

得与失是相对的。为了得到必须失去一些，因为失去一些又可以得到一些。有时你自以为得到时，却可能失去的更多；有时你自以为失去时，其实有更多的得到。因而不妨以失为得，以得为失；不以一得而喜，不因一失而忧。倘以一得一失论成败，便不免庸人自扰。

许多事物的价值，只有在失去它的时候，才会真正地显露出来。年轻时，往往对时光十分慷慨，颇有一掷千金的豪气；皱纹爬上额头时，才能品味青春已逝的悲哀。活着时往往被人苛求；一旦亡故，才能“听到”许许多多的赞美，甚至那些颇为刺眼的缺点也流溢出几分可爱。什么时候我们才能做到：于人于事，拥有时倍加珍惜，失去时亦不惋惜呢？

随遇而乐

导读

快乐必须自己去发现、去创造、去实践！行乐就是必须在自己的工作中发现乐境，在日常生活中体验乐趣，行走、坐卧、饮食皆有乐趣可觅、乐意可会、乐观可视。为乐当及时，何能待来世！快乐是一种稍纵即逝的感觉。快乐既不能储留，亦不能强求，快乐就在当下。快乐不只是一种理念，而是一种经由实践获得的全身心的实际体验。要快乐不必等待，而应该马上行动。

高境界的快乐不必外求，《淮南子》中主张："自乐于内，自乐其身。乐德而忘贱，乐道而忘贫，故虽贱如贵，虽贫如富。不忧天下之乱而乐其身之治。"其次，快乐亦可来自比较。"以不如己者视己，则日见可乐；以胜于己者视己，则时觉可忧"。古有《知足歌》劝世人曰："布衣亦足遮身体，破衲胸中保太和。君不见，世间还有无衣者，霜雪侵肌可奈何？"故知足常乐。

快乐的观念和快乐的方式因人而异，不同的人有不同的快乐方式。明代学人李渔专写《行乐篇》曰：行乐如为官者的快乐是"一举笔而安天下，一矢口而遂群生，以天下群生之乐为乐"；富人的快乐是"宽租减息、仗义急公之日，听贫民之欢欣赞颂"；穷苦普通之人的快乐来源于"退一步法"的比较法，一是与比自己更贫贱者比较，二是与自己过去处于逆境的时候进行比较，以鼓励和宽慰自己。快乐亦可来自对痛苦的转化与升华。凡人一生，奇祸大难不应该忘记，相反应该大书特书，高悬座右，这样可以裨益于身心。假如前孽由自己作成，座右铭则可当前车之鉴；若祸从天来，则可止怨释怀，以弥后患；若祸属隐情，则可反躬自责。

许多人并不明白这样一个自然的道理：快乐就在身边，瑶池并非遥远。李渔不仅从四季变化中体悟到快乐，而且发明了随时即景就事行乐之法。与其说他发现了生活中一切情景中的快乐元素，还不如说他已经掌握了快乐的方法论更为恰当。这就是随遇而安。

人若能以孩提之乐境为乐境，则去圣人不远矣。因为童心是最为湛然的状况，让我们永远保持一颗快乐的童心吧。

阅读材料

散步人生

◎赵　恺

我有这样的体会：躺在床上想的东西，哪怕再强烈、再具体、再明晰，等到坐到桌前伏在案头，就疏淡、辽远、模糊了。于是我想：作为人，是不是只有站立着的思想才更有价值呢？而散步中的思想就分外地鲜活、独特。这莫非就是“生命在于运动”的奥秘所在？不然，为什么母亲分娩的时候，总是最先生出头颅，最后生出双脚，而以思想和行动作为人体的先导和终结？

散步是回忆。路边的一草一木、一砖一石，常常会引起无限的遐想。在我经常散步的途中有一座桥，我和它相识已经30多年了。和妻的初恋在这座桥边，为她送葬也在这座桥边。在举国饥饿的三年间，她节衣缩食，克下粮油，送给作为"右派"在农村改造的我。风霜雨雪，桥是见证。积饿成疾，积忧成疾，不足30她就抱憾辞世了。梦绕南柯，恍如隔世，虽然栏杆上还有她的手热，桥头边还有她的足音。于是每走上这座桥，总有一种进入庙堂殿宇的宗教感，桥在我心中，也就成了一座牺牲纪念碑。

一天，一阶段，一件事，一本书，一部作品，甚至一个朋友的一言一语、一颦一笑都会在散步中浮现出来。放松些，无拘束，听其自然。随心所欲倒更易警醒到"不逾矩"。这时，或责己，或识人；或温故，或知新；或愧疚，或欣慰。短短一条散步的路，竟会浓缩、强化诸多的人生滋味。

也是躲避，对扰攘喧闹的躲避，对倦怠迟滞的躲避，更是对习惯的躲避。安全，自主，更获得生动愉悦的新鲜。没有了笔墨纸砚，没有了会议文件，没有了无论愿见不愿见而又该见必见的老面孔，没有了无论愿讲不愿讲而又该讲必讲的应酬话。甚至连行人都是新鲜的。新鲜的东西产生未知感。未知感是一切创造的基因。一位老人过来了，他的过去是未知。一个孩子过来了，他的将来就是未知。而一对情侣，他们各自又是对方的未知。人的希望，不就是在这个由未知和已知组成的小小魔方上生发、延展的吗?

一步一步，组成了象征意义的追求。宁静、行进产生自信；一个自信的心态就会容纳，就会吸收，就会目明耳聪、涉足成趣。同一片草、同一丛花、同一排树，四季不一样，早晚不一样，晴雨不一样。路边的鸟有两种：一种黄鹂，一种麻雀。孩子说，它们是两种流派，两个层次。我看不尽然。麻雀不惭不愧，无忧无虑，只是酣畅淋漓、尽情尽兴地唱自己愿唱、想唱的歌。你撵它、惊它，它"哄"一声飞走了，挪个窝，还是"独持偏见，一意孤行"，那歌声仿佛是对撵和哄的无心嘲弄。设想森林音乐会上如果缺少了它们，不也是一种遗憾和不足？麻雀自信，麻雀有福。黄鹂的声音是心灵的倾诉，那么纯净，那么透明，那么真诚，每一个音符都是生命之蚌用心血孕育成的珍珠。至于布谷，那就是一种创造的呼唤了。一听到布谷，就想到陶渊明“农人告余以春及，将有事于西畴”的句子。在布谷声中走向田野，去看收麦，去看插秧，那种感觉，不亚于麦加朝觐。

于是，我的创作构思就常常在散步之中萌发、成形，于是，散步也就成为我生命、创造的一个组成部分了。是的，散步如人生。如果人生能像散步，那多好。

阅读材料

在冬天回忆夏天总是很美

◎邓　皓

在夏天，你有过太多的不如意，因为夏天的炎热、夏天的单调、夏天的日子不生长故事，是不是？

不过，倘若到了冬天回味夏天，夏天一定是很美的啦！比如夏天的游泳池、夏天的冰淇淋、夏天的太阳雨……甚而，夏天一声声的蝉鸣都成了你遥远的诱惑和温馨的回忆。因为置身于夏天一度企盼过的冬天里，你恰恰又不知不觉地淡漠起你正拥抱着的冬天了。

人为什么会是这样的不满意现实和已经的拥有？犹如男人去看女人，只有在离别之后才发现她分外的美丽！其实，这份美丽在他拥有时，也莫不是竭尽全力为他绽放过呢！

不是吗？置身于工厂，你会淡漠工厂的勃勃生机，因为你太看重工厂的沉闷与喧嚣；耕耘于田畴，你会淡漠乡野的自然清新，因为你太看重乡村的闭塞和贫瘠；戍守边关，你会淡漠塞上的秀丽风光，因为你太看重边关的单调和寂寞……这道理犹如你频频地走上领奖台，你甚至会淡漠起鲜花和掌声，因为你想到了你曾经因为一无所有而轻松释放的日子……

大千世界，美丽无处不在。于我们的眼睛，匮乏的只是少了发现，而我们的弱点恰恰在于我们的眼睛太注重于我们完全可以回避的那些不遂人愿。

美是生命热诚的唤起。开掘自己生活中的美取决于你热爱生命的程度。夏天的美丽是一种存在，只是受你情绪的牵引，每每变成了冬天甜蜜的追忆。那么，你实在是无妨以冬天的心情去拥有夏天。

后　记

经过几年像工蜂酿蜜似的积累，终于有了几册由散文配制的心理处方，心中长久积聚的一股苦涩和愁绪顿时变成了一种甘甜。我似乎看到了那些为心理病毒侵袭的树木花草在文学春雨的滋润下渐渐长出了有生命力的、带着希望的嫩叶和花蕊。

我记得高尔基说过，文学的目的就是要使人高尚起来。我想心理健康的最高目的与文学的追求是殊途同归的。我非常感谢那些写出美文、不经意为我的病人开出心灵处方的文人墨客，他们的睿智和幽默肯定比苦涩的药物更利于开启人的心智。在暖暖的阳光下，斜斜地躺在靠椅上，细细地品味这慢慢道来、娓娓动听的优美词句，那情景、那感觉、那心动，无异于最美的一种享受。

我还要衷心地感谢为收集这些美文，帮助文稿校对，查对出处而付出辛勤劳动的亲人和学生；感谢袁冰凌编辑为解决版权和发行问题所作的努力；还要特别感谢那些慕名而来，求医问药的病友们，感谢他们对一个心理医生的无比信任，是他们让我更了解人生百态，感悟人生的真谛。我谨将本书献给我终生爱好阅读的敬爱的父亲、姐姐与兄长，他们是我从小爱好阅读的榜样，献给所有关心和帮助过我的亲朋好友、老师和病友们！

邱鸿钟

丙戌年正月二十八

于羊城白云山鹿鸣湖畔

敬 告 作 者

《阅读心理治疗》是一套很有意义的丛书。本丛书所选的文章大多数已通过中华版权代理总公司取得了著作权人的授权，但仍然有部分作者无法联系上。对此我们深表歉意，敬请作者或著作权人予以谅解，并请主动与我们联系稿酬兑付及样书寄送等事宜。